Khalid Iqbal

Autenticação da medição da dose absorvida em Radioterapia

Khalid Iqbal

Autenticação da medição da dose absorvida em Radioterapia

ScienciaScripts

Imprint

Cover image: www.ingimage.com

This book is a translation from the original published under ISBN 978-3-659-88798-7.

Publisher:
Sciencia Scripts
is a trademark of
Dodo Books Indian Ocean Ltd. and OmniScriptum S.R.L publishing group

120 High Road, East Finchley, London, N2 9ED, United Kingdom
Str. Armeneasca 28/1, office 1, Chisinau MD-2012, Republic of Moldova, Europe
Managing Directors: Ieva Konstantinova, Victoria Ursu
info@omniscriptum.com

Printed at: see last page
ISBN: 978-620-8-55834-5

Índice

DEDICAÇÃO

Aos meus pais,

A minha mãe reza continuamente por mim

O meu pai que sempre sonhou com isso

Ele teria gostado tanto de

Já vi a sua conclusão!!!

RECONHECIMENTO

"*Deixem-me agradecer às pessoas que me fazem ter sucesso; elas são os jardineiros encantadores que fazem a minha alma florescer. Da sua atenção e generosidade, aprendi muito da filosofia de vida.*"

Esta tese é o fim da minha viagem para obter o meu doutoramento. Não viajei apenas no vazio nesta viagem. Esta tese foi mantida no caminho certo e foi levada até ao fim com o apoio e o encorajamento de numerosas pessoas, incluindo os meus simpatizantes, os meus amigos, colegas e várias instituições. No final da minha tese, gostaria de agradecer a todas as pessoas que tornaram esta tese possível e uma experiência inesquecível para mim. No final da minha tese, é uma tarefa agradável expressar os meus agradecimentos a todos aqueles que contribuíram de muitas formas para o sucesso deste estudo e fizeram dele uma experiência inesquecível para mim.

Neste momento de realização, em primeiro lugar, presto homenagem ao meu guia; desejo expressar a minha mais sincera gratidão ao Professor Assistente Dr. Saeed Ahmad Buzdar, meu supervisor, pela sua orientação e apoio durante a minha investigação de doutoramento. Sob a sua orientação, ultrapassei com êxito muitas dificuldades e aprendi muito. A sua coragem e convicção inabaláveis inspirar-me-ão sempre, e espero continuar a trabalhar com os seus nobres pensamentos.

Estou também extremamente grato ao meu orientador, o Professor Jeoffery S Ibbott, por me ter dado a oportunidade de visitar o Department of Radiation Physics, M D Anderson Cancer Center da Universidade do Texas, por ter disponibilizado as infra-estruturas e os recursos necessários para a realização do meu trabalho de investigação. Estou-lhe muito grato por me ter acolhido como estudante na fase crítica do meu doutoramento. Agradeço calorosamente a Kent Allen Gifford, Professor Assistente do Department of Radiation Physics, M D Anderson Cancer Center da Universidade do Texas, pelos seus valiosos conselhos, críticas construtivas e discussões aprofundadas sobre o meu trabalho.

Aproveito esta oportunidade para agradecer sinceramente à Comissão do Ensino Superior (HEC), Governo do Paquistão, pela concessão de assistência financeira sob a forma de um estágio de investigação no M D Anderson Cancer Center da Universidade do Texas, que me ajudou a realizar o meu trabalho confortavelmente.

Agradeço ao Dr. Rao Afzal Khan, Presidente do Departamento de Física da Universidade Islâmica de Bahawalpur. Os meus agradecimentos ao Dr. Sam Beddar, ao Dr. Ramesh Taylor, a Micheal Gillin, a Naryan Sahoo, a Ryan Grant e a Sandeep Kumar e a todo o pessoal do Radiation Physics M D Anderson Cancer Center da Universidade do Texas pela orientação e assistência generosa à minha investigação e por proporcionarem uma atmosfera muito amigável que tornou a minha estadia memorável.

Gostaria de agradecer a todo o pessoal do Shaukat Khanum Memorial Cancer Hospital and Research Centre (SKMCH&RC), em especial ao Dr. Shahid Hameed, ao Dr. Mazhar Ali Shah, ao Dr. Arif Jamshed, a Muhammad Abdur Rafaye, a Muhammad Bilal, a Horriya Bajwa, a Asif Iqbal, a Rizwan Hameed, a Sajid Anees, a Umair Zafar e a Saima Altaf pela sua valiosa cooperação. A maior parte dos resultados descritos nesta tese não teriam sido obtidos sem uma estreita colaboração com alguns laboratórios. Devo um grande apreço e gratidão aos meus membros da RPC. Expresso os meus sinceros agradecimentos aos meus colegas do Departamento de Física da Universidade Islâmica de Bahawalpur, pelo seu afeto e encorajamento, Ismail Malik, Muhammad Isa, Zafar Rashid e Khalid Mahmood. Gostaria de agradecer a Muhammad Ahmad, Mutteb Ur Rehman, Amin Javid e Amir Latif.

Por último, gostaria de agradecer à minha família por todo o seu amor e encorajamento, aos meus pais que me educaram com amor pela ciência e me apoiaram em todos os meus objectivos, à presença dos meus irmãos, irmãs e amigos. E, acima de tudo, ao meu pai, que me ama, apoia e encoraja, e cujo apoio fiel durante o doutoramento é muito apreciado. A minha gratidão.

Khalid Iqbal

RESUMO

O resultado ótimo do tratamento de radioterapia depende da determinação exacta da dose de radiação, o que só é possível após a análise detalhada dos procedimentos de garantia de qualidade no Planeamento do Tratamento de Radioterapia, assegurando as caraterísticas dosimétricas das máquinas e a execução precisa do tratamento. Pretendeu-se desenvolver fantomas dosimétricos que imitassem a anatomia real do paciente para autenticação da dose absorvida no tumor alvo e para garantir a qualidade do tratamento radioterápico. Foi criado um fantoma antropomórfico PRESAGE® com a forma de uma mama para radioterapia externa de feixe e braquiterapia. Para avaliar o fantoma de mama, foram utilizados cinco campos de radioterapia de intensidade modulada (IMRT), três campos de mama parcial e um plano de braquiterapia com aplicador SAVI 6-1. A mama antropomórfica PRESAGE® foi digitalizada com o scanner de TC ótico de tamanho médio da Duke (DMOS-RPC) e a densidade ótica (DO) foi convertida em distribuição de dose. Foram efectuadas comparações entre a distribuição de dose calculada com o sistema de planeamento de tratamento Pinnacle^3, a película GAFCHROMIC® EBT2 e o PRESAGE® para planos parciais de mama IMRT e 3DCRT. O planeamento Oncentra® Master Brachy também foi utilizado para a comparação das medições do PRESAGE® e da película GAHCHROMIC® EBT2. Para IMRT, as comparações de mapas gama mostraram que o Pinnacle^3 concordou bem com o PRESAGE® em mais de 95% dos pontos de comparação do volume de tumor planeado (PTV), passando o critério de ±3%/±3 mm quando os 8 mm exteriores dos dados do fantoma foram excluídos. Foram observados artefactos de borda na reconstrução ótica de TC, desde a superfície até uma profundidade de quase 8 mm. Para o planeamento parcial da mama com 3DCRT, os histogramas de volume de dose (DVH) do volume tumoral bruto (GTV), do volume tumoral clínico (CTV) e do PTV para o dosímetro PRESAGE® e o sistema de planeamento do tratamento Pinnacle^3 confirmaram uma semelhança de 97,8% da dose prescrita. As comparações do mapa gama mostraram que as três distribuições estavam de acordo, com mais de 95% dos pontos de comparação passando o critério de ±3% / ±2 mm. Os DVHs da Braquiterapia cutânea e PTV_EVAL (PTV_ Evaluation) para PRESAGE® e Oncentra® diferiram num máximo de 4 a 8%, respetivamente. Foi também utilizado um fantoma antropomórfico de próstata do RPC (Radiological Physics Center) que continha TLD (dosímetros termoluminescentes) e película GAFCHROMIC® EBT2 para avaliar a terapia de protões por varrimento pontual. Os resultados da terapia de protões por varrimento pontual mostram que os aspectos Direito/Esquerdo, Inferior/Superior e Posterior/Anterior das medições coronais/sagitais e da película EBT2 estavam dentro de ±7%/±4mm do sistema de planeamento do tratamento (TPS). Este trabalho demonstra a viabilidade do PRESAGE® para ser moldado em forma antropomórfica e estabelece a precisão do Pinnacle[3] para IMRT da mama, bem como para planeamento 3D e braquiterapia. Além disso, a extensão deste trabalho pode levar à investigação da dosimetria 3D com fantomas antropomórficos mais complexos. O fantoma antropomórfico da próstata RPC pode ser utilizado para estabelecer a garantia de qualidade do feixe de protões de varrimento pontual dentro de determinados níveis de confiança. A qualidade do tratamento pode ser melhorada com a utilização do PRESAGE® tanto na radioterapia de feixe externo como na braquiterapia. Um fantoma antropomórfico é um bom substituto dos pacientes reais e pode ser uma ferramenta valiosa para o planeamento do tratamento em todos os tipos de radioterapia, incluindo a terapia de protões de varrimento pontual, para autenticação das medições da dose absorvida e, consequentemente, pode aumentar a precisão e a qualidade do tratamento.

CAPÍTULO 1

INTRODUÇÃO

1.1 Radioterapia

O cancro é um dos principais problemas de saúde a nível mundial no que diz respeito à sua sobrevivência e mortalidade. O cancro é um termo utilizado para designar doenças em que células anormais se dividem sem controlo e são capazes de invadir outros tecidos. As células cancerosas podem espalhar-se para outras partes do corpo através dos sistemas sanguíneo e linfático. Existem mais de 100 tipos diferentes de cancro. O corpo é composto por muitos tipos de células. Estas células crescem e dividem-se de forma controlada para produzir mais células à medida que são necessárias para manter o corpo saudável. Quando as células ficam velhas ou danificadas, morrem e são substituídas por novas células. No entanto, por vezes, este processo ordenado corre mal. O material genético (ADN) de uma célula pode ficar danificado ou alterado, produzindo mutações que afectam o crescimento e a divisão celular normais. Quando isto acontece, as células não morrem quando deviam e formam-se novas células quando o corpo não precisa delas. As células extra podem formar uma massa de tecido chamada tumor. A radioterapia é um dos tratamentos importantes, para além da cirurgia e da quimioterapia. São utilizados raios de alta energia para danificar o ácido desoxirribo nucleico (ADN) e obstruir a divisão e o crescimento das células, de modo a impedir a continuação da malignidade[1,2]. O tratamento de radioterapia só pode produzir bons efeitos se for efectuado num contexto clínico adequado. As decisões requerem um bom equilíbrio entre o otimismo terapêutico e devem basear-se firmemente numa boa anamnese e exame clínico. O clínico deve então ser capaz de sintetizar toda a informação sobre o doente, o tumor, as investigações e o tratamento anterior para tomar uma decisão sobre se a radioterapia deve ser administrada e, em caso afirmativo, com intenção radical ou paliativa.

1.2 Avanços em Radioterapia

A técnica teórica das radiações tem vindo a progredir continuamente após a descoberta dos raios X por Roentgen em 1895. A chegada da teleterapia de Cobalto 60 e dos aceleradores lineares fez com que a radioterapia entrasse no domínio dos feixes de mega voltagem. O desenvolvimento de aceleradores lineares multimodais, sistemas de planeamento de tratamento computorizado, IMRT (terapia de radiação de intensidade modulada), IGRT (radioterapia guiada por imagem), VMAT (terapia de arco modulado por volume) e arco rápido são formas de tratamento avançado em radioterapia, juntamente com melhorias na imagiologia, como simuladores de tomografia computorizada (TC), ressonância magnética (RM) e tomografia por emissão de positrões (PET) [1].

1.3 Diretor de Planeamento de Radioterapia

A prática da radioterapia exige não só excelentes competências clínicas, mas também conhecimentos técnicos adequados. A radioterapia externa com feixes de fotões é normalmente efectuada com mais do que um feixe de radiação, de modo a obter uma distribuição uniforme da dose no interior do volume alvo e uma dose tão baixa quanto possível nos tecidos saudáveis que rodeiam o alvo. O relatório n.º 50 da ICRU recomenda uma uniformidade da dose no alvo de ±7% e ±5% da dose administrada num ponto de prescrição bem definido dentro do alvo [3].

1.3.1 Definição de volume

De acordo com os relatórios n.º 50 e 71 da ICRU, a definição de volumes é um pré-requisito para um planeamento de tratamento tridimensional significativo e para uma dose exacta. Estes relatórios descrevem vários volumes de alvos e estruturas críticas que ajudam no processo de planeamento do tratamento e que fornecem uma base para a comparação do resultado do tratamento, como se mostra na Figura 1.1 [3, 4].

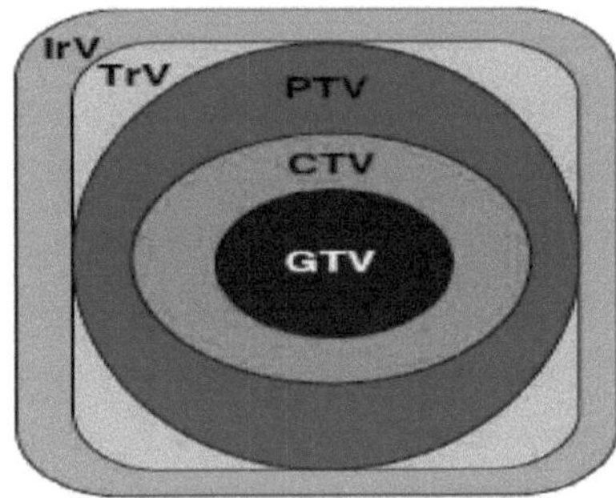

Figura 1-1: Representação gráfica dos volumes definidos nos Relatórios ICRU n.º 50 e 62.

1.3.2 Volume tumoral bruto (GTV)

O volume tumoral macroscópico (GTV) é a doença primária ou a massa tumoral demonstrada pelo exame clínico. O GTV baseia-se normalmente em informações obtidas a partir de uma combinação de modalidades de imagiologia (tomografia computorizada (TC), ressonância magnética (RM), ultra-sons, etc.), modalidades de diagnóstico (relatórios patológicos e histológicos, etc.) e exame clínico [4].

1.3.3 Volume alvo clínico (CTV)

O volume alvo clínico (CTV) contém o GTV quando presente e/ou a doença microscópica subclínica que tem de ser erradicada para curar o tumor. A definição do CTV baseia-se no exame histológico de amostras post mortem ou cirúrgicas que avaliam a extensão da disseminação das células tumorais em torno do GTV bruto (4). A margem GTV-CTV é também derivada das caraterísticas biológicas do tumor, dos padrões de recorrência local e da experiência do oncologista de radiações.

1.3.4 Volume teórico de planeamento (PTV)

Quando o doente se desloca ou os órgãos internos mudam de tamanho e forma durante uma fração de tratamento ou entre fracções (intra ou inter-fracções), a posição do CTV pode também deslocar-se. Por conseguinte, para assegurar uma dose homogénea no CTV ao longo de um curso fraccionado de irradiação, devem ser adicionadas margens à volta do CTV. Estas margens permitem o movimento fisiológico dos órgãos (margem interna) e variações no posicionamento do doente e no alinhamento dos feixes de tratamento (margem de configuração), criando um volume alvo de planeamento geométrico. O volume alvo de planeamento (PTV) é utilizado no planeamento do tratamento para selecionar os feixes adequados, de modo a assegurar que a dose prescrita é efetivamente administrada ao CTV [4].

1.3.5 Volume tratado

Este é o volume de tecido que está planeado para receber uma dose específica e que é delimitado pela superfície de isodose correspondente a esse nível de dose. A forma, o tamanho e a posição do volume tratado em relação ao PTV devem ser registados para avaliar e interpretar as recidivas locais e as complicações nos tecidos normais, que podem estar fora do PTV mas dentro do volume tratado [4].

1.3.6 Volume irradiado

Este é o volume de tecido que é irradiado para uma dose considerada significativa em termos de tolerância do tecido normal e depende da técnica de tratamento utilizada. A dimensão do volume irradiado em relação ao volume tratado pode aumentar com o aumento do número de feixes, mas ambos os volumes podem ser reduzidos através da modelação do feixe e da terapia conformacional.

1.3.7 Definir variações/Definir margem

Durante um curso fraccionado de radioterapia, ocorrerão variações na posição do doente e no alinhamento dos feixes, tanto intra como inter-fracções, e deve ser incorporada uma margem para o erro de configuração na margem CTV-PTV. Os erros podem ser sistemáticos ou aleatórios. Os erros sistemáticos podem resultar da transferência incorrecta de dados do planeamento para a administração da dose ou da colocação incorrecta de dispositivos como compensadores, escudos, etc. Estes erros sistemáticos podem ser corrigidos. Os erros aleatórios na preparação podem depender do operador ou resultar de alterações na anatomia do doente de um dia para o outro, que são impossíveis de corrigir. A precisão da preparação pode ser melhorada com uma melhor imobilização, atenção à formação do pessoal e/ou implantação de marcadores fiduciais opacos, tais como sementes de ouro, cuja posição pode ser determinada em três dimensões durante o planeamento e verificada durante o tratamento através de imagens do portal[5,6].

1.3.8 Órgãos em risco

Estes são tecidos normais críticos cuja sensibilidade à radiação pode influenciar significativamente o planeamento do tratamento e/ou a dose prescrita. Quaisquer movimentos dos órgãos em risco (OAR) ou incertezas de configuração podem ser tidos em conta com uma margem semelhante aos princípios do PTV, para criar um volume de planeamento do órgão em risco (PRV). A dimensão da margem pode variar em diferentes direcções. Quando um PTV e um PRV estão próximos ou se sobrepõem, deve ser tomada uma decisão clínica sobre os riscos relativos de recidiva do tumor ou de danos nos tecidos normais. A proteção de partes de órgãos normais é possível com a utilização de colimação multi-folhas (MLC). Os histogramas dose-volume (DVH) são utilizados para calcular as distribuições de dose nos tecidos normais [7].

1.3.9 Imobilização

O doente deve estar numa posição que seja confortável, reprodutível e adequada para a aquisição de imagens para o exame de TC e para a aplicação do tratamento. Os sistemas de imobilização estão amplamente disponíveis para todos os locais anatómicos de tumores e são importantes para reduzir os erros de configuração sistemática. As estruturas estereotáxicas complexas ou re-localizáveis são fixadas à cabeça através da inserção na boca de uma impressão dentária dos dentes superiores e de uma impressão occipital na estrutura da cabeça e são utilizadas para radioterapia estereotáxica com uma reprodutibilidade de 1 mm ou menos. As conchas de perspex reduzem o movimento nos tratamentos da cabeça e do pescoço para cerca de 2 mm. O técnico que prepara a cápsula deve ter informações pormenorizadas sobre o local do tumor a tratar, por exemplo, a posição do doente, como se mostra na Figura 1.2.

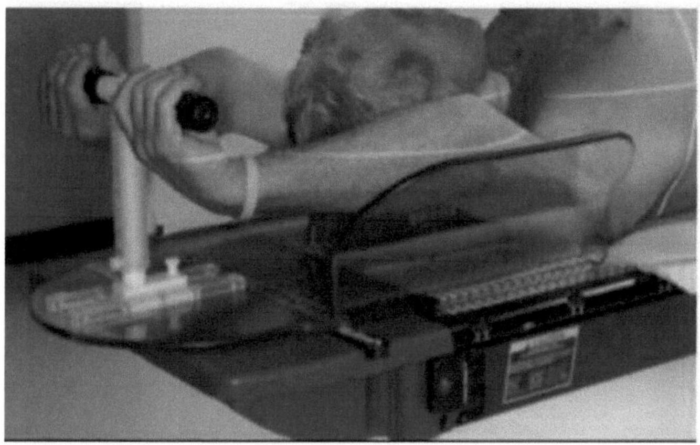

Figura 1-2: Paciente posicionado para mostrar imobilização no scanner de TC com os braços para cima e luzes laser usadas para evitar erros de configuração rotacional.

Uma impressão da área relevante é preenchida com gesso e esta forma é usada para fazer uma concha de Perspex por moldagem a vácuo. A concha é colocada sobre o doente e fixada a um dispositivo na marquesa com tiras de Perspex e cavilhas em cinco locais. Em alternativa, podem ser fabricadas conchas termoplásticas por moldagem direta de material amaciado pelo calor sobre o doente e estas têm um grau de precisão semelhante. A flexibilidade do pórtico e do tampo da marquesa deve ser medida e a flacidez da marquesa deve ser evitada através da utilização de mesas rígidas de fibra de carbono radiolucentes. Os tampos das mesas devem ter acessórios para dispositivos de imobilização e os sistemas de luz laser são essenciais nas unidades de TC, simulador e tratamento. Os protocolos para enchimento vesical e rectal, respiração e outros parâmetros do doente devem ser documentados na localização e reproduzidos diariamente durante o tratamento para minimizar as incertezas. Os exames de TC efectuados para localização são apenas uma imagem única e devem ser repetidos diariamente em vários dias para medir a variação no movimento dos órgãos e os erros sistemáticos de configuração para um doente individual. Estes valores podem então ser utilizados para informar a margem CTV-PTV numa base individual, em vez de utilizar valores de margem derivados da população. Isto é conhecido como radioterapia adaptativa (ART). As imagens de quilo voltagem (kV), de TC de feixe cónico e de megavoltagem (MV) nas máquinas de tratamento permitem obter imagens de TC imediatamente antes do tratamento [7].

1.3.10 Aquisição de dados

São adquiridos dados 3D precisos sobre o tumor, volumes alvo e órgãos em risco em relação a pontos de referência externos, exatamente nas mesmas condições que as utilizadas para o tratamento subsequente. São escolhidas as modalidades de diagnóstico por imagem ideais para cada local do tumor, de acordo com protocolos desenvolvidos com radiologistas de diagnóstico. A TC multi-slice, a RM com varrimento dinâmico, a ecografia 3D, a tomografia por emissão de positrões (PET) e a tomografia computorizada por emissão de fotão único (SPECT) forneceram uma grande quantidade de informações anatómicas, funcionais e metabólicas sobre o GTV. Estas imagens de RM e PET são fundidas com exames de planeamento de TC para otimizar a localização do tumor utilizando um scanner de TC com simulação virtual. Em alternativa, quando estes não estão disponíveis, é utilizado um simulador ou um simulador de TC para o planeamento 2D [8].

1.3.11 Tomografia computorizada

A tomografia computorizada fornece uma anatomia transversal pormenorizada dos órgãos normais, bem como informações tridimensionais sobre os tumores, como se mostra na figura 1.3. Estas imagens fornecem dados de densidade para o cálculo da dose de radiação através da conversão das unidades Hounsfield da TC em densidades relativas de electrões, utilizando curvas de calibração. A dispersão Compton é o principal processo de interação dos tecidos para feixes de megavoltagem e é diretamente proporcional à densidade de electrões. Assim, a TC fornece informações de densidade ideais para correcções de dose para tecidos não homogéneos, como acontece no tecido pulmonar. Estudos clínicos demonstraram que 30 a 80% dos doentes submetidos a radioterapia beneficiam da maior precisão da delineação do volume alvo com a tomografia computorizada em comparação com a simulação convencional. Estima-se que a utilização da TC melhora as taxas de sobrevivência global a 5 anos em cerca de 3,5 por cento, com maior impacto nos tratamentos de pequeno volume. Os exames de TC realizados para o planeamento do tratamento de radioterapia são normalmente diferentes dos realizados para fins de diagnóstico. Idealmente, os exames de TC de planeamento são efectuados num scanner de TC dedicado à radioterapia por um radiologista com formação em terapia. O scanner deve ter a maior abertura possível para ajudar a posicionar o doente para o tratamento. A abertura padrão da TC de diagnóstico é de 70 cm, mas estão disponíveis scanners de 85 cm de diâmetro, que são úteis para doentes de grandes dimensões e para os que estão a ser tratados para o cancro da mama, que se encontram deitados com ambos os braços elevados num plano inclinado que pode ser estendido até cerca de 15° [9].

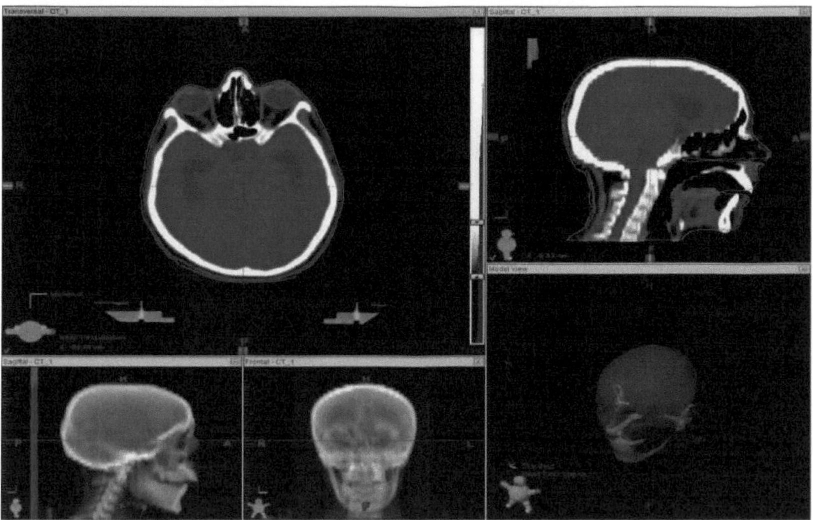

Figura 1-3: Um exemplo de uma imagem de TAC do cérebro.

A mesa de TC deve ter um tampo plano com um registo preciso da mesa com uma precisão superior a 1 mm. O doente é posicionado utilizando dispositivos de apoio e de imobilização e alinhado utilizando tatuagens e luzes laser laterais e da linha média idênticas às utilizadas no tratamento de radioterapia subsequente. É feita uma tatuagem na pele sobre um ponto de referência ósseo imóvel mais próximo do centro do volume alvo. É marcada com material radio-opaco, como um cateter ou pasta de bário, para visualização na imagem de TAC. São utilizadas tatuagens laterais adicionais para evitar a rotação lateral do doente e são alinhadas utilizando lasers horizontais. O meio de contraste oral é utilizado numa pequena dose concentrada para delinear o intestino delgado como um órgão de risco, mas é necessário ter cuidado para evitar grandes quantidades que podem causar [8,9].

1.3.12 Contorno

As tomografias computorizadas são transferidas digitalmente para a consola de localização do volume alvo utilizando um sistema de rede eletrónica que tem de estar em conformidade com os protocolos DICOM e DICOM RT, como se mostra na Figura 1.5. O GTV, o CTV, o PTV, o contorno do corpo e os órgãos normais são delineados por uma equipa de oncologistas de radiação, radiologistas especializados e técnicos de planeamento, com formação adequada, conforme ilustrado em Figura 1.4. Quando a RM é a modalidade de imagem ideal para tumores como os da próstata, útero, cérebro, cabeça e pescoço e sarcomas, é incorporada na definição do volume alvo através da fusão de imagens.

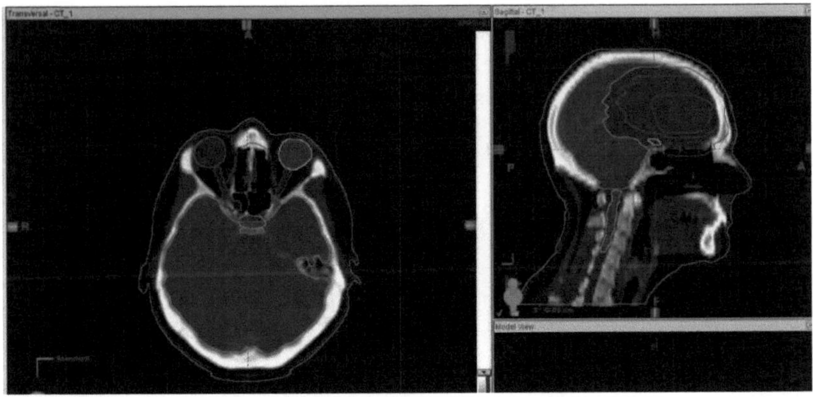

Figura 1-4: Contador de TC de corte transversal e sagital.

É referido o planeamento do tratamento com base apenas em imagens de RM, mas, mais frequentemente, as imagens de TC e RM são registadas conjuntamente, idealmente utilizando um tampo de mesa plano de RM para ajudar na correspondência. As imagens PET ou PET-CT podem fornecer informações adicionais para tumores da cabeça e do pescoço, linfomas, tumores do pulmão e ginecológicos, e SPECT para tumores cerebrais. A fusão de imagens multimodais de todas estas imagens no processo de planeamento do tratamento é ideal para uma delineação precisa do alvo. Os protocolos departamentais para a delineação do volume alvo são essenciais para cada local do tumor. Estes devem definir as definições óptimas da janela, a forma de construir o CTV, os valores 3D para as margens CTV-PTV, o tipo de software de expansão 3D e o método de delineamento para cada OAR a utilizar, como se mostra na figura 1.4. Os erros de delineamento do médico resultantes do contorno são considerados a parte mais incerta de todo o processo de planeamento, sendo essencial a formação e a validação destes procedimentos. O contorno começa com a definição do GTV numa fatia central do tumor primário e, em seguida, em cada imagem axial de TC, movendo-se superiormente e depois inferiormente. Os nódulos envolvidos podem então ser definidos da mesma forma. A visualização do GTV em DRRs coronais e sagitais assegura a consistência da definição entre cortes, de modo a não criar etapas artificiais no volume. Um volume não deve ser copiado ou cortado e colado em cortes sequenciais devido ao risco de erro de colagem: é mais exato redesenhar o GTV em cada corte [10].

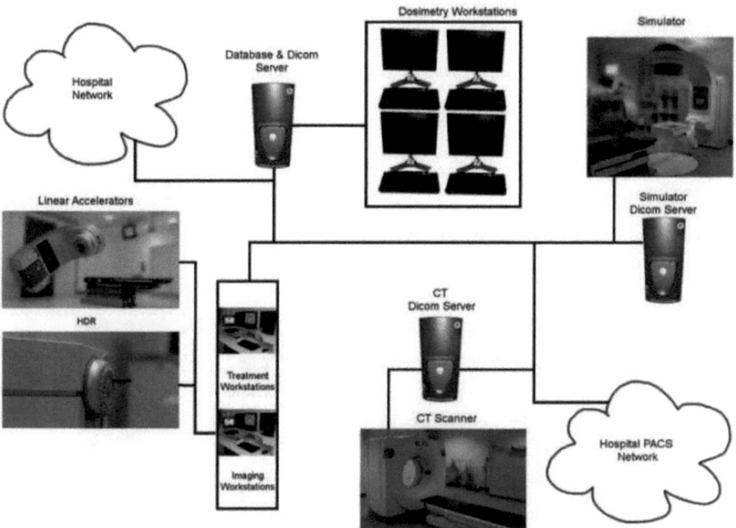

Figura 1-5: Rede para a transferência de dados entre as etapas do processo de planeamento da radioterapia.

1.3.13 Tratamento convencional

Podem ser utilizados campos únicos com limites definidos pela isodose de 50 por cento para metástases ósseas. Os feixes opostos paralelos são utilizados para acelerar e facilitar a preparação para tratamentos paliativos, para volumes-alvo de pequena separação ou volumes tangenciais. As distribuições de isodose mostram que a isodose de 95% não está em conformidade com o volume alvo, a distribuição da dose não é homogénea e muito tecido normal é irradiado com a mesma dose que o tumor. A modificação do feixe com a utilização de cunhas altera a distribuição da dose para compensar a falta de tecido, a obliquidade do contorno do corpo ou um volume alvo inclinado, e pode produzir um resultado mais homogéneo.

Para muitos tumores localizados em profundidade, uma dose radical do tumor só pode ser alcançada com uma combinação de vários feixes se for necessário evitar a sobredosagem na pele e noutros tecidos superficiais. Quando são escolhidos vários feixes para um plano, podem ser utilizadas cunhas variáveis para atenuar o feixe e, assim, evitar uma área de dose elevada nas intersecções dos feixes. Para obter a mesma dose no doente, o número de unidades monitoras configuradas terá de ser aumentado em comparação com as de um campo aberto. Os sistemas computorizados de planeamento da dose são utilizados para construir uma distribuição de isodose com feixes de energia, tamanho, ponderação, ângulo da gantry e cunha adequados para obter um resultado homogéneo no volume alvo [11].

1.3.14 Tratamento conformacional

A radioterapia conformada 3D (CFRT) associa a visualização do tumor por TC 3D com a capacidade do acelerador linear para moldar geometricamente o feixe. Isto envolve o volume alvo o mais próximo possível, reduzindo simultaneamente a dose nos tecidos normais adjacentes. O oncologista de radiação e o dosimetrista acordam o PTV final, que foi criado utilizando o software de algoritmo de crescimento 3D e os protocolos do departamento, tendo em consideração os órgãos em risco (OAR), como se mostra na Figura 1.6.

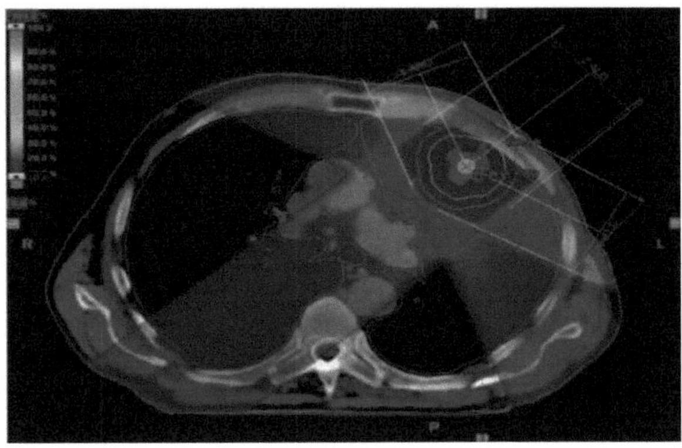

Figura 1-6: Plano com lavagem de cores da dose mostrando a dose dentro do PTV variando de 95% a 105% da dose prescrita de acordo com a ICRU50.

As discussões entre oncologistas, físicos e dosímetros incluem a compreensão do padrão de densidade das células tumorais dentro do PTV, os requisitos para a homogeneidade da distribuição da dose, as restrições de dose para os OAR adjacentes, a prevenção de pontos de dose máxima ou mínima em 3D e a revisão de um plano preliminar das disposições prováveis dos feixes. A CFRT básica pode consistir em feixes coplanares e estáticos com MLC ou blocos conformacionais que moldam o volume. No caso de feixes coplanares de configuração não normalizada, os DVH podem ajudar a selecionar o melhor plano, mas não indicam qual a parte do órgão que está a receber uma dose alta ou baixa. Os DVHs do PTV, CTV e de todos os PRVs são necessários para permitir a correlação subsequente com o resultado clínico. A seleção do plano de dose final é feita no terminal de planeamento do tratamento através da inspeção [12].

1.3.15 Tratamento complexo

O tratamento complexo contém técnicas modernas como IMRT, SBRT, Rapid Arc, VMAT e IGRT. A IMRT é criada utilizando o MLC para definir a intensidade do feixe independentemente de regiões indiferentes de cada feixe incidente para produzir a distribuição uniforme de dose pretendida ou uma distribuição de dose deliberadamente não uniforme no volume alvo. A posição das folhas do

MLC pode ser variada no tempo com uma gantry fixa ou móvel. A IMRT pode ser aplicada usando compensação de dose, múltiplos campos estáticos, step and shoot, MLC dinâmico ou tomoterapia. Uma sequência de campos estáticos de MLC pode ser usada com o feixe sendo desligado entre as mudanças de posição. Alternativamente, pode haver um sequenciamento automático de segmentos de feixe sem interromper o tratamento de MLC dinâmico. Outros métodos incluem a tomoterapia e outros dispositivos em que existe uma aplicação rotacional de intensidade modulada com um feixe em leque. A IMRT segmentar ou planeada para a frente proporciona uma compensação simples dos tecidos com uma visão ocular do feixe do PTV e dos subsegmentos que são modelados com diferentes MLC para criar uma dose uniforme no PTV. O planeamento inverso requer a especificação da prescrição da dose para o GTV, PTV e PRV em termos de restrições de volume da dose, otimização da fluência e planeamento da dose em 3D. Deve ser desenvolvida uma garantia de qualidade muito cuidadosa para assegurar a precisão do feixe. A verificação de um plano de IMRT requer a medição da distribuição da dose num fantoma ou um cálculo independente da unidade monitora com dosimetria de portal. A administração da dose é verificada ao longo do tratamento utilizando película radiográfica ou EPIDs adaptados ou dosimetria de trânsito. O posicionamento exato do doente, a delineação do volume alvo e a redução das incertezas de movimento dos órgãos e do doente, especialmente a respiração, são fundamentais para uma IMRT segura. As técnicas de IMRT modulam a intensidade do feixe, bem como a sua forma geométrica, fornecendo distribuições de dose complexas, utilizando o planeamento de tratamento direto ou inverso, conforme ilustrado na Figura 1.7. É possível produzir planos com formas côncavas e evitar estruturas críticas em locais como a cabeça e o pescoço (olho ou medula espinal), a próstata (reto) e a tiroide (medula espinal). A toxicidade tardia pode ser reduzida significativamente nos locais de tumor [13-15].

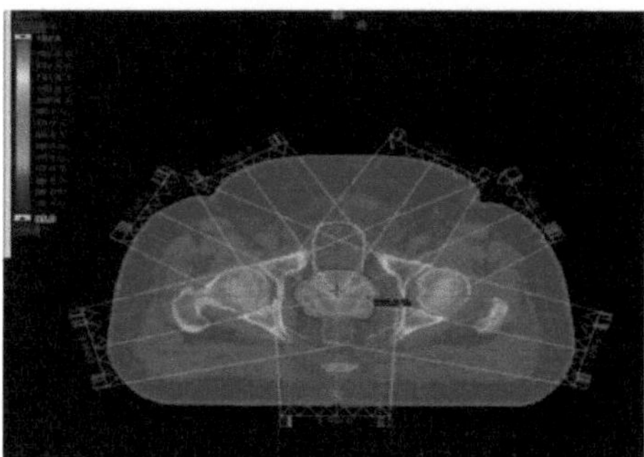

Figura 1-7: Plano de IMRT de sete campos de um doente com próstata.

1.4 Principais caraterísticas da braquiterapia

Brachy vem da palavra grega para "curto", pelo que a braquiterapia é normalmente interpretada como terapia a curta distância ou também conhecida como radioterapia de fonte selada. Um material radioativo é inserido diretamente no tumor ou junto a ele, concentrando aí a dose. A dose diminui muito rapidamente de acordo com a lei do inverso do quadrado e os tecidos normais circundantes recebem doses significativamente mais baixas do que o tumor. A braquiterapia tem vantagens físicas e também biológicas em relação à radioterapia externa.

1.4.1 História da Braquiterapia

Existem três tipos de braquiterapia que são normalmente utilizados. São definidas três bandas de taxa de dose: LDR (1 Gy/h), taxa de dose média (MDR) (1 a 12 Gy/h) e HDR (12 Gy/h). A braquiterapia de taxa de dose baixa (LDR) é um tipo de hiperfraccionamento extremo, pelo que é relativamente poupada aos tecidos normais. A taxa de dose pode ser baixa, mas é administrada continuamente, o que encurta o tempo total de tratamento e reduz a oportunidade de repovoamento do tumor durante o tratamento. Por outro lado, a braquiterapia de alta taxa de dose (HDR) tem de ser fraccionada para evitar a morbilidade dos tecidos normais. É importante recordar que, se a taxa de dose for aumentada, é necessária uma redução da dose para obter uma dose biologicamente eficaz. Quando se muda de uma taxa de dose baixa para uma taxa de dose média, é necessária uma correção da dose de aproximadamente menos 15 por cento. Outras vantagens da braquiterapia incluem a localização exacta e a imobilização do tumor, o que elimina os problemas de movimento dos órgãos e os erros de configuração observados com a radioterapia de feixe externo (EBRT). As desvantagens da braquiterapia são a natureza operativa dos procedimentos frequentemente necessários para aceder ao tumor, a necessidade de pessoal qualificado e as medidas de proteção contra as radiações necessárias para proteger o doente, o pessoal e o público em geral. A braquiterapia é considerada sempre que possível para tumores localizados acessíveis de volume relativamente pequeno. Está contra-indicada quando o tumor se infiltra no osso, quando as margens do tumor ou do volume alvo não são claramente identificáveis e quando existe uma infeção ativa nos tecidos. A braquiterapia é utilizada como tratamento radical de modalidade única ou em combinação com a EBRT para administrar uma dose de reforço. Pode ser utilizada após a excisão cirúrgica para irradiar um leito tumoral [16-17]. Os isótopos utilizados na braquiterapia são apresentados na Tabela 1.1.

Quadro 1 Fontes de isótopos para braquiterapia

Source	Form	Dose rate	Emissions	Half-life
Radium-226	Tubes, needles	LDR	2.45 MV gamma	1620 years
Caesium-137	Tubes, needles; afterloading pellets	LDR	0.662 MV gamma	30 years
Cobalt-60	Tubes; afterloading pellets	HDR	1.17, 1.33 MV gamma	5 years
Iridium-192	Wires; afterloading pellets	LDR HDR	0.38 MV gamma	74 days
Iodine-125	Seeds	LDR	27.4, 31.4, 35.5 kV	60 days
Palladium-103	Seeds	LDR	21 kV	17 days
Ruthenium-106/106 Rhenium	Eye plaques	LDR	3.54 MeV	373 days
Strontium-90	Eye plaques	HDR	0.546 MeV	28.9 years

1.4.2 Planeamento do tratamento de braquiterapia

Em ambos os tipos de radioterapia (externa e braquiterapia), o processo de planeamento do tratamento é vital para garantir um tratamento ótimo. Os parâmetros de planeamento do tratamento são escolhidos de modo a obter o melhor plano possível. Na braquiterapia, a determinação da distribuição da dose, a seleção da fonte de radiação e o fornecimento de uma distribuição completa da dose no volume alvo são tarefas importantes a realizar. Foram desenvolvidos diferentes métodos neste domínio. A garantia de qualidade do planeamento do tratamento tem sido objeto de várias comunicações e foi amplamente analisada no relatório AAPM TG-59 . De um modo geral, as técnicas descritas nestes relatórios aplicam relações empíricas com uma exatidão declarada da ordem dos 10% a uma aplicação específica [18].

1.5 Principais caraterísticas da terapia de protões

A terapia de protões é uma terapia de radiação especializada que utiliza partículas carregadas (protões) para tratar tumores. Robert Wilson assumiu pela primeira vez que as propriedades físicas dos protões poderiam ser vantajosas do ponto de vista terapêutico. Wilson descreveu como os protões passariam através do tecido numa trajetória quase rectilínea e depositariam a maior parte da sua dose perto da extremidade distal do seu alcance. Descreveu também um dispositivo que modula a dose elevada no final do alcance para distribuir uma dose uniforme num volume alvo especificado (19).

1.5.1 História da terapia de protões

O primeiro tratamento de doentes nos EUA utilizando protões de alta energia ocorreu na Universidade da Califórnia em Berkeley, em 1954, apenas 8 anos depois de Robert Wilson ter publicado o seu artigo [19]. Os doentes foram tratados com terapia de protões em doses elevadas na hipófise, na sequência de experiências com ratinhos e ratos [20-22]. O Laboratório de Ciclotrões da

Universidade de Harvard começou a tratar doentes em 1961. A moderna terapia de protões nos EUA começou em 1990 no Loma Linda University Medical Center (LLUMC) [23]. Esta foi também a primeira instalação hospitalar de protões nos Estados Unidos concebida especificamente para tratamentos médicos. As três instalações americanas anteriores começaram por ser máquinas de investigação. O primeiro tratamento foi um melanoma ocular, a que se seguiram tumores cerebrais e outros locais anatómicos [24].

1.5.2 Propriedades físicas dos protões

A terapia de protões é uma forma excecional de terapia de radiação devido às suas propriedades de distribuição de dose em alcance e profundidade. A dose dos protões demonstra uma região de planalto relativamente uniforme, seguida de um pico de deposição máxima no final do intervalo.

1.5.3 Comparações de distribuições de dose em profundidade

A Figura 1.8 é uma comparação das distribuições de profundidade para um feixe de fotões de 6 MV, um feixe de protões de 250 MeV puro e um feixe de protões de 250 MeV modulado. A dose de entrada para o feixe de protões puro é inferior à do feixe de fotões e ambos os feixes de protões têm um alcance finito próximo da marca dos 26 cm. O feixe de fotões continua para além do fim do gráfico no que se designa por dose de saída. A região antes da região de dose de 100% para o feixe de protões é designada por região de planalto. Para o feixe de protões modulado, a dose na região de planalto é superior à do feixe puro. Este facto deve-se às técnicas de modulação do pico de Bragg original. A região de dose plana a 100% da dose no feixe de protões modulado é o pico de Bragg espalhado (SOBP). Com as distribuições de protões, a dose cai então para zero muito rapidamente, o que não dá qualquer dose para além da região que recebe a dose mais elevada. Quando cuidadosamente planeado, um tumor pode ser totalmente irradiado sem dose de saída. Os protões são partículas de carga positiva com uma massa 1836 vezes superior à de um eletrão. As propriedades de perda de energia dos protões permitem prever o alcance dos protões na matéria, que depende da energia inicial dos protões e da densidade dos materiais no percurso do feixe. O poder de paragem descreve a perda de energia dos protões devido às interações na matéria. A potência de paragem por colisão de massa é obtida a partir da teoria de Bethe, descrita no relatório 49 do ICRU [22, 24].

$$\frac{S}{\rho} = \frac{4\pi e^4}{m_e v^2}\frac{1}{\mu}\frac{Z}{A}\, z^2 \left[ln\frac{2m_e v^2}{I} + ln\frac{1}{1-\beta^2} - \beta^2 - \frac{C}{Z} - \frac{\delta}{2}\right] \quad (1.1)$$

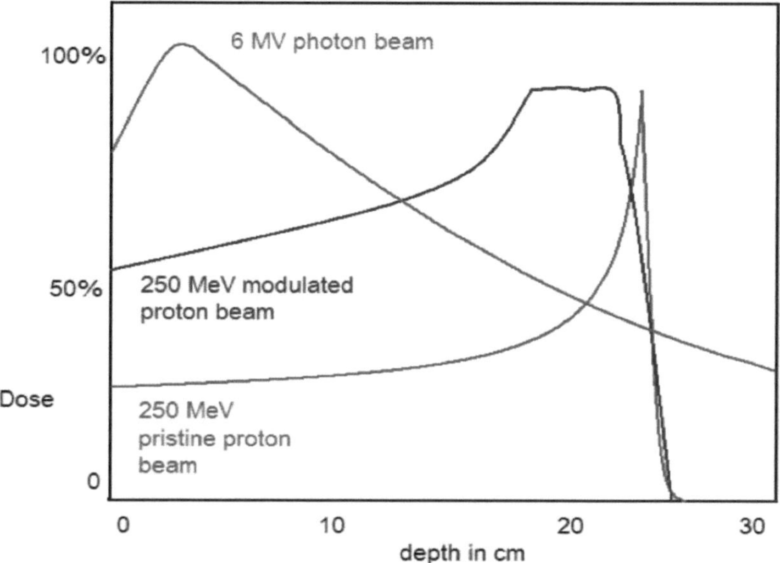

Figura 1-8: Comparações das distribuições de dose em profundidade de protões

Para esta equação, p é a densidade do meio, *mc²é* a energia de repouso do eletrão, β é a velocidade da partícula, *u* é a unidade de massa atómica, Z é o número atómico do átomo alvo, *A* é a massa atómica do alvo e *z* é o número de carga do projétil. O número de paragem depende de três factores. A energia de excitação média do meio, que quantifica a energia de ligação dos electrões. As energias de excitação médias são normalmente obtidas a partir de dados experimentais. A correção da casca é responsável pela diminuição da contribuição das interações com os electrões para o poder de paragem à medida que a velocidade do projétil diminui. A correção do efeito de densidade reconhece que a passagem do projétil polariza o meio em que o projétil se desloca. O poder de paragem reduz-se devido a esta polarização. A transferência linear de energia (LET) de uma partícula descreve a forma como a energia do feixe é transferida para o material irradiado por unidade de percurso da partícula [22]. A LET pode ser considerada uma potência de paragem "restrita", uma vez que não inclui as colisões secundárias resultantes da dispersão das partículas.

O LET das partículas carregadas aumenta no final da trajetória, o que cria o chamado pico de Bragg.

1.5.4 Eficácia biológica relativa

A eficácia biológica relativa (RBE) descreve a quantidade de dose de uma fonte de radiação necessária para produzir o mesmo efeito biológico que uma fonte de radiação padrão e é descrita na Equação 2 [22].

$$\text{RBE} = \frac{\text{Dose from standard source to produce biological effect}}{\text{Dose from test source to produce biological effect}} \quad (1.2)$$

Para a terapia de protões, o Relatório 78 da ICRU recomenda a utilização de um valor genérico de RBE de 1,1 no contexto clínico, com base em estudos laboratoriais in vivo, como se mostra na equação 3. Ao longo do planalto e da SOBP, o RBE não apresenta grande variação até à extremidade distal da SOBP. Neste local, o RBE pode aumentar de 5-10%, o que pode alargar o alcance biologicamente eficaz do feixe em 1-2 mm [25].

$$D_{RBE} = \mathbf{1.1} \times \boldsymbol{D} \quad (1.3)$$

Em que D é a dose absorvida de protões (em Gy) (ICRU 2007).

Dose da fonte de ensaio para produzir efeito biológico RBE Dose da fonte padrão para produzir efeito biológico. Para a terapia de protões, o Relatório 78 da ICRU recomenda a utilização de um valor genérico de RBE del.l no contexto clínico, com base em estudos laboratoriais in vivo. Ao longo do planalto e da SOBP, o RBE não apresenta grande variação até à extremidade distal da SOBP. Neste local, o RBE pode aumentar de 5-10%, o que pode alargar o alcance biologicamente eficaz do feixe em 1-2 mm (ICRU 2007). Muitas instituições utilizam a nomenclatura "equivalente de cinzento-cobalto" ou CGE para comunicar a dose equivalente de protões em comparação com terapias com um valor de RBE unitário. Esta prática não é considerada uma unidade SI e, como tal, a nomenclatura recomendada é a utilização da dose absorvida ponderada pelo RBE, que é representada por DRBE, em que D é a dose absorvida de protões (em Gy) (ICRU 2007). A fim de distinguir entre D e DRBE, ao registar os níveis de dose serão utilizadas as notações "Gy" e "GyRBE" (25).

1.5.5 Gama Proton

O comprimento da trajetória dos protões é determinado pela perda de energia dos protões à medida que atravessam o material alvo. Isto pode ser determinado com base na energia inicial do protão e no material presente no percurso do feixe. À medida que o feixe atravessa o material, perde-se energia devido a um evento de dispersão. Uma vez que cada partícula individual não perde a mesma quantidade de energia em cada interação, os comprimentos das trajectórias individuais de cada partícula serão ligeiramente diferentes. A este fenómeno dá-se o nome de "range straggling" e pode introduzir uma incerteza de alcance de cerca de 1% [26]. Juntamente com a incerteza da energia inicial do feixe à saída do bocal (~1%) e a incerteza atribuída à passagem do feixe através de homogeneidades na trajetória do feixe, a incerteza total do alcance pode ser da ordem dos 2-3%. Durante o planeamento do tratamento de um local de tumor, esta incerteza deve ser tida em conta para garantir a cobertura de todo o volume alvo primário (PTV). A penumbra lateral de um feixe de protões é inicialmente muito nítida devido à quantidade relativamente baixa de dispersão lateral, quando comparada com as radioterapias mais convencionais. À medida que os protões penetram num alvo, espalham-se lateralmente, principalmente devido à dispersão. O alcance dos electrões secundários é normalmente da ordem dos 0,1 cm em material orgânico. A penumbra lateral acentuada dos feixes de alta energia a profundidades pouco profundas proporciona uma separação entre o alvo de dose elevada e os tecidos normais de dose baixa e pode servir como fator decisivo para a utilização da terapia de protões no tratamento de estruturas quase críticas [27].

1.5.6 Modificação do feixe

Quando o feixe de protões entra no bocal, são efectuadas várias modificações para permitir a utilização do feixe para tratamento. Num feixe passivo, pode ser utilizada uma técnica de dispersão simples ou dupla. A Figura 1.2 apresenta um diagrama que mostra os componentes do bocal para as linhas de feixe de dispersão passiva no centro de terapia de protões em Houston [26, 27].

1.6 Radiobiologia e planeamento de tratamentos

A radiação pode causar danos letais às células, principalmente através da formação de radicais altamente reactivos no material intracelular que podem quebrar quimicamente as ligações no ADN, fazendo com que uma célula perca a sua capacidade de reprodução. Quanto mais elevada for a dose, maior é a probabilidade de esterilização das células. Estes danos são sentidos tanto pelas células malignas que se está a tentar erradicar, como pelas células dos tecidos saudáveis que recebem radiação, apesar de se desejar poupá-las.

1.6.1 Radiação e morte celular

A radiação ionizante causa danos moleculares de grande amplitude em todas as células através da produção de átomos ionizados que provocam a quebra de ligações químicas, a produção de radicais livres e danos no ADN. Os efeitos clinicamente mais significativos da radioterapia devem-se a lesões irreparáveis do ADN que resultam em esterilização, uma perda da capacidade das células proliferativas de se dividirem de forma sustentada. Nos tumores, a perda da capacidade proliferativa de todas as células do tumor é uma condição necessária para a cura do tumor. A esterilização parcial da população de células tumorais resulta na estase ou regressão do tumor, dando uma remissão clínica , seguida de um novo crescimento do tumor a partir das células que mantiveram a sua capacidade de proliferação. Nos tecidos normais com auto-renovação, a esterilização das células proliferativas deixa os tecidos incapazes de fornecer substitutos para as células que estão normalmente a ser perdidas a uma taxa constante do tecido e inicia uma redução das células maduras do tecido. A esterilização proliferativa é frequentemente referida como morte celular, sendo as células que mantêm a capacidade proliferativa a longo prazo descritas como sobreviventes [28].

1.6.2 Curvas de sobrevivência celular

As técnicas de cultura de células têm sido muito importantes para permitir que a esterilização proliferativa das células seja investigada quantitativamente. Para uma população de células irradiadas, a proporção de células que ainda retêm a capacidade de proliferar é designada por fração sobrevivente e um gráfico da fração sobrevivente logarítmica em função da dose única de radiação fornece uma curva de sobrevivência para as células em causa. Normalmente, as curvas de sobrevivência têm uma curvatura contínua com um declive que se torna mais acentuado à medida que a dose aumenta. Matematicamente, uma curva de curvatura contínua é descrita de forma mais simples por uma equação linear quadrática (LQ) com a seguinte forma

$$SF = e^{(\alpha d - \beta d)} \quad (1.4)$$

Em que SF é a fração de sobrevivência, d é a dose única dada e α e β são parâmetros caraterísticos das células em causa. O rácio α/β dá a importância relativa do termo de dose linear e do termo de dose quadrática para essas células e controla a forma da curva de sobrevivência. Quando α/β é grande, o termo linear predomina, pelo que um gráfico de log (SF) contra d é relativamente reto, enquanto se α/β for pequeno, o termo quadrático é mais importante, dando origem a um gráfico com maior curvatura. Para as células cujas curvas de sobrevivência têm um rácio α/β inferior, a duplicação da dose conduz a mais do que a duplicação do efeito no log (SF). Estas células serão particularmente sensíveis a alterações no tamanho da fração quando a radiação é administrada como um programa fraccionado [29].

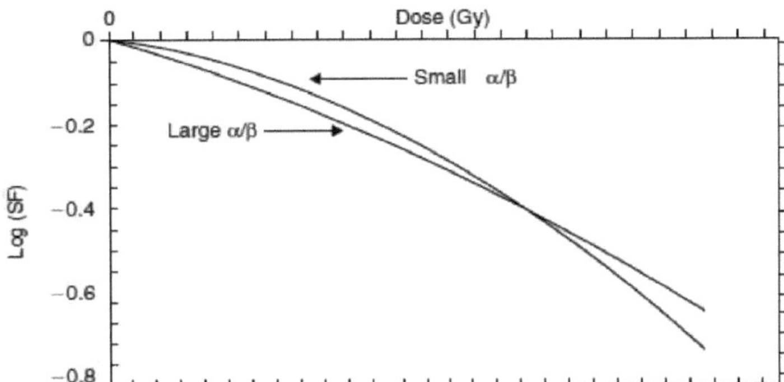

Figura 1-9: Duas curvas de sobrevivência contrastantes para células irradiadas, com o logaritmo da fração sobrevivente (SF) representado em função da dose única de radiação. A curva de sobrevivência com uma curvatura mais acentuada tem o rácio α/β mais baixo quando ajustada à equação quadrática linear.

1.6.3 Efeitos agudos e tardios nos tecidos

A relação dose-resposta para a lesão de tecidos normais depende das curvas de sobrevivência das células estaminais dos tecidos. O momento da expressão da lesão depende da taxa de renovação das células maduras no tecido. Os efeitos tardios ocorrem em tecidos e órgãos com renovação lenta. O risco de efeitos tardios importantes é normalmente limitador da dose em radioterapia. Verificou-se que as células estaminais dos tecidos com resposta tardia têm curvas de sobrevivência muito mais curvas (baixo rácio a/p) do que as células dos tecidos com resposta aguda (rácio a/p mais elevado, curva de sobrevivência menos curva). Radiobiologicamente, esta diferença pode estar relacionada com a lenta renovação celular nos tecidos com resposta tardia, permitindo que muitas células estaminais permaneçam em estado de repouso, onde são altamente competentes na reparação de danos causados por pequenas doses. Consequentemente, os tecidos com resposta tardia são particularmente sensíveis a alterações no tamanho das fracções, sendo as fracções maiores mais prejudiciais para estes tecidos e as fracções pequenas bem toleradas. Os tecidos com resposta aguda e tardia são também afectados de forma diferente por alterações no tempo total de tratamento. Uma vez que as células estaminais sobreviventes dos tecidos com resposta aguda iniciam o repovoamento durante o decurso da radioterapia, o tempo durante o qual as radiações se distribuem faz a diferença no nível final de danos. Os tecidos com resposta tardia não sofrem repovoamento durante o decurso da radioterapia e não são relativamente afectados pelo tempo total de tratamento [29].

1.6.4 Efeitos de volume

Juntamente com a dose total e o esquema de fracionamento, o volume alvo é uma variável importante na radioterapia. Para um determinado tratamento de fracionamento, podem normalmente ser especificadas doses mais elevadas quando os volumes no mesmo local são pequenos em vez de grandes. Os tecidos normais são necessários para desempenhar funções orquestradas, que podem ser afectadas de várias formas pela irradiação. A maioria dos tecidos normais também não se pode regenerar a partir de uma única célula sobrevivente. No entanto, a recuperação dos tecidos pode ser auxiliada pela imigração de células vizinhas irradiadas, especialmente se o volume de tratamento for pequeno. O volume é também um fator determinante importante da resposta dos tecidos normais a uma dada dose, em primeiro lugar porque volumes maiores proporcionam menos oportunidades para os tecidos recorrerem à sua reserva funcional e, em segundo lugar, porque volumes irradiados maiores tornam mais provável que um elemento de volume crítico exceda um determinado limite superior de dose. Estes factores diferem de acordo com a estrutura do tecido e variam de um tratamento para outro [29].

CAPÍTULO 2

MEDIÇÕES E OPTIMIZAÇÃO DA DOSE EM RADIOTERAPIA

A quantidade de radiação utilizada na radioterapia de fotões é medida em gray (Gy) e varia consoante o tipo e a fase do cancro a ser tratado. Os parâmetros de administração de uma dose prescrita são determinados durante o planeamento do tratamento. O planeamento do tratamento é geralmente efectuado em computadores dedicados, utilizando software especializado de planeamento do tratamento. Dependendo do método de administração da radiação, podem ser utilizados vários ângulos ou fontes para somar a dose total necessária. O planeador tentará conceber um plano que forneça uma dose de prescrição uniforme ao tumor e minimize a dose nos tecidos saudáveis circundantes. A simulação virtual é a forma mais básica de planeamento e permite uma colocação mais precisa dos feixes de radiação do que é possível utilizando raios X convencionais, em que as estruturas dos tecidos moles são frequentemente difíceis de avaliar e os tecidos normais difíceis de proteger. Uma melhoria da simulação virtual é a radioterapia conformacional tridimensional (3DCRT), na qual o perfil de cada feixe de radiação é moldado para se adaptar ao perfil do alvo a partir de uma vista ocular do feixe (BEV), utilizando um colimador multilâminas (MLC) e um número variável de feixes. Quando o volume de tratamento se adapta à forma do tumor, a toxicidade relativa da radiação para os tecidos normais circundantes é reduzida, permitindo a administração de uma dose mais elevada de radiação ao tumor do que as técnicas convencionais permitiriam. A radioterapia de intensidade modulada (IMRT) é um tipo avançado de radiação de alta precisão que constitui a próxima geração da 3DCRT. A IMRT também melhora a capacidade de adaptar o volume de tratamento às formas côncavas do tumor. Os aceleradores de raios X controlados por computador distribuem doses de radiação precisas a tumores malignos ou a áreas específicas dentro do tumor. O padrão de administração da radiação é determinado utilizando aplicações informáticas altamente adaptadas para efetuar a otimização e a simulação do tratamento (planeamento do tratamento). A dose de radiação é consistente com a forma 3D do tumor através do controlo, ou modulação, da intensidade do feixe de radiação. A intensidade da dose de radiação é elevada perto do volume bruto do tumor, enquanto a radiação entre tecidos normais vizinhos é reduzida ou completamente evitada. Isto resulta num melhor direcionamento do tumor, menos efeitos secundários e melhores resultados de tratamento do que a 3DCRT [1,11].

2.1 Medições de dose

A dosimetria das radiações trata de métodos para a determinação quantitativa da energia depositada num determinado meio por radiação direta ou indiretamente ionizante [1]. Quando a radiação ionizante interage com qualquer meio, a energia é transferida do campo de radiação para o meio. A quantidade que descreve esta transferência de energia é a dose absorvida e é medida pela concentração de energia absorvida.

2.1.1 Dose Absorvida

É a energia depositada por um feixe de radiação por unidade de massa do material absorvente. É necessário que a energia da radiação seja absorvida por algum meio, que pode ser um fantoma de água, um doente ou talvez uma proteção de betão; caso contrário, a radiação não tem qualquer efeito. A dose de radiação é expressa em termos de energia absorvida por unidade de massa de tecido [1, 30].

$$ose = \frac{\Delta E}{\Delta m} \quad (2.1)$$

E a unidade de dose é o Gray, que é dimensionalmente igual a joules / quilograma.

2.1.2 Percentagem Dose de profundidade

A dose percentual em profundidade num ponto do fantoma de água exposto a um feixe de radiação é definida como o quociente, expresso em percentagem, entre a dose absorvida a essa profundidade *d e* a dose absorvida a uma profundidade de referência fixa d_m, ao longo do eixo central do feixe.

$$PDD = \frac{D(d,r,f)}{D(d_m,r,f)} \times 100 \quad (2.2)$$

A Dose em Profundidade Percentual ou Dose em Profundidade Percentual (PDD) é uma função da profundidade *d,* do parâmetro de tamanho de campo
r, e da distância fonte-superfície (SSD) *f,* como se mostra na equação 2.2

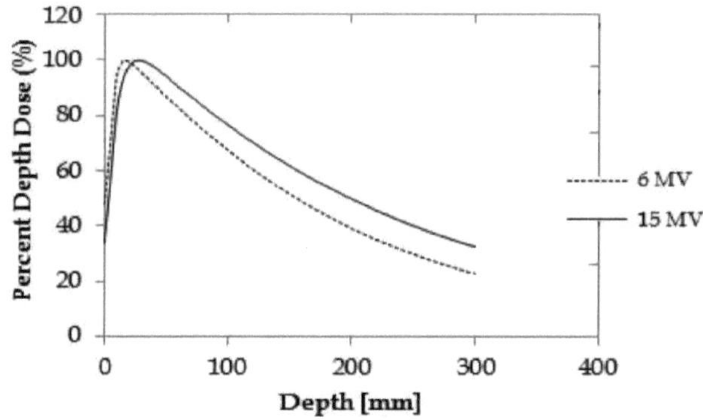

Figura 2-1: Curvas de dose em profundidade percentual para duas energias de fotões.

Esta quantidade consiste em pontos a uma distância variável da fonte, o parâmetro de tamanho de campo *r* refere-se ao valor na superfície do fantoma [30]. A dose em profundidade percentual no eixo central para duas energias de fotões, para um tamanho de campo de 10x10 cm^2 é apresentada na Figura 2-1.

2.1.3 Sistema de planeamento de tratamento

A principal distinção entre o planeamento do tratamento da CRT 3-D e o da radioterapia convencional é que o primeiro requer a disponibilidade de informação anatómica 3-D e um sistema de planeamento do tratamento que permita a otimização da distribuição da dose de acordo com os objectivos clínicos. A informação anatómica é normalmente obtida sob a forma de imagens transversais muito espaçadas, que podem ser processadas para reconstruir a anatomia em qualquer plano ou em três dimensões. Dependendo da modalidade de imagiologia, o tumor visível, as estruturas críticas e outros pontos de referência relevantes são delineados fatia a fatia pelo planeador. O oncologista de radiação desenha os volumes-alvo em cada corte com margens apropriadas para incluir o tumor visível, a suspeita de disseminação do tumor e as incertezas de movimento do paciente. Este processo de delinear alvos e estruturas anatómicas relevantes é designado por segmentação [31-33].

O passo seguinte é seguir o software de planeamento de tratamentos 3D para conceber campos e disposições de feixes. Uma das caraterísticas mais úteis destes sistemas é a computação gráfica, que permite a visualização da vista ocular do feixe (BEV) dos alvos delineados e de outras estruturas. O termo BEV designa a visualização do alvo segmentado e das estruturas normais num plano perpendicular ao eixo central do feixe, como se fosse visto do ponto de vista da fonte de radiação. Utilizando a opção BEV, as margens de campo são definidas para cobrir o PTV dosimetricamente dentro de um nível de isodose suficientemente elevado (por exemplo, 95% da dose prescrita). Normalmente, considera-se que uma margem de campo de cerca de 2 cm é suficiente para atingir este objetivo, mas pode ser necessário efetuar mais ajustamentos, dependendo do perfil do feixe em questão e da presença de estruturas críticas na proximidade do PTV. No entanto, é importante lembrar que cada feixe tem uma penumbra física (por exemplo, a região entre 90% e 20% do nível de isodose) onde a dose varia rapidamente e que a dose na extremidade do campo é aproximadamente 50% da dose no centro do campo. Para uma irradiação uniforme e adequada do PTV, a penumbra do campo deve situar-se suficientemente fora do PTV para compensar quaisquer incertezas no PTV.

A otimização de um plano de tratamento requer não só a conceção de aberturas de campo óptimas, mas também direcções de feixe adequadas, número de campos, pesos de feixe e modificadores de intensidade. Num sistema de planeamento avançado, estes parâmetros são selecionados iterativamente ou numa base de tentativa e erro e, por conseguinte, para um caso complexo, todo o processo pode tornar-se muito trabalhoso se se pretender um elevado grau de otimização. No entanto, na prática, a maioria dos planeadores começa com uma técnica padrão e optimiza-a para um determinado doente, utilizando ferramentas de planeamento de tratamentos 3-D, tais como BEV, visualizações de dose 3-D, opções de feixe não coplanar, modulação de intensidade e histogramas de volume de dose. O tempo necessário para planear um tratamento de CRT 3-D depende da complexidade de um determinado caso, da experiência da equipa de planeamento do tratamento e da velocidade do sistema de planeamento do tratamento. O produto final, o plano de tratamento, é tão bom quanto os seus componentes individuais, nomeadamente, a qualidade dos dados de entrada do doente, a segmentação da imagem, o registo da imagem, as aberturas de campo, o cálculo da dose, a avaliação do plano e a otimização do plano (34-38).

2.1.4 Algoritmos de cálculo da dose

Alguns elementos dos métodos de cálculo da dose foram adoptados nos algoritmos de cálculo da dose em alguns dos sistemas informáticos de planeamento do tratamento disponíveis no mercado. Os sistemas modernos de planeamento do tratamento actualizaram adicionalmente o software para a introdução e processamento de dados tridimensionais, cálculo da dose e gráficos tridimensionais especiais. Alguns sistemas de planeamento de tratamentos tridimensionais continuam a utilizar basicamente algoritmos de cálculo da dose bidimensionais (o cálculo da distribuição da dose num determinado corte não é afetado por alterações na composição dos tecidos nos cortes adjacentes), mas transformados em três dimensões através de interpolação. No caso das heterogeneidades dos tecidos, parte-se do princípio de que os cortes adjacentes são idênticos na composição dos tecidos ao corte em que a dose está a ser calculada. Este pressuposto está obviamente errado, mas não é tão mau como parece. A dispersão lateral de cortes adjacentes é normalmente um efeito de segunda ordem, exceto em situações em que são utilizados campos pequenos para tratar tumores ou estruturas rodeadas por pulmões ou grandes cavidades de ar. Por outro lado, ao assumir a mesma composição para os cortes adjacentes, podem ser utilizados algoritmos mais simples que aceleram bastante o processo de cálculo da dose. No entanto, na CRT 3D, em que são frequentemente utilizados feixes não coplanares e as distribuições da dose são avaliadas em vários planos ou volumes, é essencial que o algoritmo de cálculo da dose tenha uma precisão aceitável. Uma vez que a otimização do plano é um processo iterativo, a velocidade de cálculo é de extrema importância. Por conseguinte, o melhor algoritmo computacional é aquele em que a exatidão e a velocidade estão bem equilibradas. Os algoritmos de cálculo da dose para o planeamento computorizado do tratamento têm vindo a evoluir desde meados da década de 1950. Em termos gerais, os algoritmos dividem-se em três categorias: (a) baseados na correção (b) baseados no modelo (c) Monte Carlo direto. Qualquer um dos métodos pode ser utilizado para o planeamento do tratamento 3D, embora com um grau variável de precisão e velocidade. No entanto, os algoritmos baseados em modelos e o Monte Carlo direto estão a tornar-se cada vez mais os algoritmos do futuro. Isto deve-se à sua capacidade de simular o transporte de radiação em três dimensões e, por conseguinte, prever com maior precisão a distribuição da dose em condições de desequilíbrio de partículas carregadas que podem ocorrer em tecidos de baixa densidade, como o pulmão, e em interfaces de tecidos heterogéneos. Embora atualmente sejam afectados por uma velocidade lenta, esta limitação está a desaparecer rapidamente com o aumento constante da velocidade e da capacidade de armazenamento de dados dos computadores modernos [39-45].

2.1.5 Cálculo tridimensional (3D) da dose de radiação

Os tratamentos de radioterapia conformacional tridimensional (3-D CRT) baseiam-se em informações anatómicas tridimensionais e utilizam distribuições de dose que conformam a dose adequada ao tumor e a dose mínima possível ao tecido normal. O conceito de distribuição de dose conformada também foi alargado para incluir objectivos clínicos como a maximização da probabilidade de controlo do tumor (TCP) e a minimização da probabilidade de complicação do tecido normal (NTCP). Assim, a técnica de CRT 3-D engloba tanto os fundamentos físicos como biológicos para alcançar os resultados clínicos desejados.

Embora a CRT 3-D exija uma distribuição óptima da dose, existem muitos obstáculos para atingir estes objectivos. A principal limitação é o conhecimento da extensão do tumor. Apesar dos avanços modernos na imagiologia, o volume alvo clínico (CTV) não é muitas vezes totalmente discernível. Dependendo da capacidade invasiva da doença, o que é visualizado não é normalmente o CTV. Pode ser o que se designa por volume tumoral bruto (GTV). Assim, se os CTVs desenhados nas imagens de secção transversal não incluírem totalmente a disseminação microscópica da doença, a CRT 3-D perde o seu significado de ser conformacional. Se alguma parte do tecido doente não for incluída ou for seriamente subdosada, o resultado será inevitavelmente o fracasso, apesar de todo o cuidado e esforço despendidos no planeamento do tratamento, na aplicação do tratamento e na garantia de qualidade. Do ponto de vista da TCP, a precisão na localização do CTV é mais crítica na CRT 3-D do que nas técnicas que utilizam campos generosamente amplos e disposições de feixes mais simples para compensar a incerteza na localização do tumor.

Para além das dificuldades na avaliação e localização do CTV, existem outros potenciais erros que devem ser considerados antes do planeamento da CRT 3-D. O movimento do doente, incluindo o do volume tumoral, dos órgãos críticos e das marcas fiduciais externas durante a imagiologia, a simulação e o tratamento, pode dar origem a erros sistemáticos e aleatórios que devem ser tidos em conta na conceção do volume alvo de planeamento (PTV). Se tiverem sido permitidas margens suficientes na localização do PTV, as aberturas do feixe são então modeladas para se conformarem e cobrirem adequadamente o PTV (por exemplo, dentro de uma superfície de isodose de 95% a 105% relativamente à dose prescrita). Na conceção de campos conformacionais para tratar adequadamente o PTV, é necessário ter em consideração o perfil do feixe transversal, a penumbra e o transporte lateral da radiação em função da profundidade, da distância radial e da densidade dos tecidos. Por conseguinte, devem ser dadas margens suficientes entre o contorno do PTV e o limite do campo para garantir uma dose adequada ao PTV em cada sessão de tratamento. Mesmo que os campos tenham sido concebidos de forma óptima, é necessário ter em conta a resposta biológica do tumor e dos tecidos normais para atingir os objectivos da CRT 3D. Por outras palavras, a otimização de um plano de tratamento tem de ser avaliada não só em termos de distribuição da dose, mas também em termos das caraterísticas de dose-resposta da doença em causa e dos tecidos normais irradiados. Foram propostos vários modelos envolvendo TCP e NTCP, mas os dados clínicos para validar estes modelos são escassos. Até estarem disponíveis dados mais fiáveis, é necessário ter cuidado ao utilizar estes conceitos para avaliar planos de tratamento. Isto é especialmente importante quando se consideram esquemas de escalonamento de dose que invariavelmente testam os limites de tolerância do tecido normal dentro ou na proximidade do PTV.

Apesar dos obstáculos formidáveis na definição e delineação da verdadeira extensão da doença, o clínico deve seguir um plano analítico recomendado pela International Commission on Radiation Units and Measurements (ICRU). Os vários volumes-alvo (GTV, CTV, PTV, etc.) devem ser cuidadosamente concebidos tendo em conta as limitações ou incertezas inerentes a cada etapa do processo. O PTV final deve basear-se não só nos dados de imagiologia e noutros estudos de diagnóstico, mas também na experiência clínica obtida no tratamento dessa doença. O estreitamento das margens de campo em torno do GTV baseado em imagens, com pouca atenção à doença oculta, ao movimento do doente ou às limitações técnicas da administração da dose, é uma utilização incorrecta do conceito de CRT 3D que deve ser evitada a todo o custo. Deve reconhecer-se que a CRT 3D não é uma nova modalidade de tratamento, nem é sinónimo de melhores resultados do que a bem sucedida e bem testada radioterapia convencional. A sua superioridade depende inteiramente da precisão do PTV e da melhor distribuição da dose. Assim, em vez de lhe chamar uma nova modalidade, deve ser considerada como uma ferramenta superior para o planeamento do tratamento, com potencial para alcançar melhores resultados [46].

2.2 Medições de dose de otimização

A modulação da intensidade da radiação mudou drasticamente a oncologia de radiação e expandiu grandemente as oportunidades da especialidade. Há pouco mais de uma década, a IMRT era uma ideia nova e pouco convencional. A tomoterapia utilizando o dispositivo Nomos Peacock foi introduzida por volta de 1994 e começou a ser utilizada em alguns centros de investigação. Tratava-se de uma inovação notável, mas, em termos operacionais, acarretava preocupações limitadoras, incluindo os possíveis efeitos que qualquer movimento do doente durante o tratamento poderia ter na segurança do doente ou no controlo do tumor. Em 1996, a colimação multi-folhas tinha sido adaptada para a aplicação de IMRT. A sua investigação foi inicialmente limitada a centros académicos que tinham de desenvolver e manter recursos adequados em física das radiações, geralmente não disponíveis na comunidade. No início da década de 2000, a experiência adquirida trouxe a confiança de que a IMRT poderia ser efectuada por rotina em instalações de radioterapia abrangentes se fossem fornecidos os programas de garantia de qualidade necessários. Para implementar a IMRT, a garantia de qualidade específica do doente que deve ser efectuada é um trabalho adicional mas importante. Através destes esforços, o número e os tipos de doentes que beneficiam da IMRT aumentaram. Além disso, o tempo necessário para efetuar a IMRT diminuiu significativamente, permitindo que as clínicas tratem mais doentes com esta abordagem. Existem agora resultados clínicos que apoiam a utilização da IMRT para os cancros da cabeça e do pescoço, da próstata e outros. Em muitos casos, mostram que o aumento da dose no tumor pode aumentar as taxas de controlo local, enquanto a diminuição da dose nos tecidos normais pode reduzir as complicações. Os resultados clínicos da IMRT estão a verificar-se como muitos previram. No entanto, o desenvolvimento de meios mais precisos de administração de radioterapia trouxe novas preocupações, especialmente no que respeita à estabilização do doente, ao movimento dos órgãos , ao rastreio do tumor e à reprodutibilidade do tratamento. Mais importante ainda, a eficiência das operações clínicas mudou. A eficiência do planeamento e da aplicação da IMRT está a aproximar-se ou mesmo a exceder a da terapia conformacional tridimensional complexa. Os avanços nos algoritmos de planeamento do tratamento permitem agora a realização de tratamentos mais simples com uma qualidade equivalente. A radioterapia guiada por imagem, numa das suas várias formas disponíveis, oferece a expetativa de que o alvo do tratamento possa ser localizado conforme necessário no momento do tratamento, para diminuir as margens e tornar a administração da dose mais segura. As tecnologias em desenvolvimento para a TC a quatro dimensões estão agora a ser utilizadas para planeamento e modificação da dose. A radioterapia complexa guiada por imagens, tal como a imagiologia por TC de feixe cónico de megavoltagem ou quilo voltagem diária na sala de tratamento, pode conduzir a uma análise volumétrica da dose real administrada ao doente diariamente. Será um desafio utilizar e integrar toda esta informação disponível, denominada radioterapia guiada por dose, mas oferece um novo nível de compreensão e garantia de qualidade para cada tratamento efectuado num curso terapêutico. Em breve, poderá ser um padrão de cuidados esperado [1, 46].

2.2.1 Planeamento de IMRT e cálculo da dose

O planeamento e a aplicação de IMRT podem ser examinados em cada uma das fases de trabalho para mostrar onde a eficiência está a melhorar. O tempo necessário para o contorno não sofreu grandes alterações ao longo dos últimos anos; os algoritmos de contorno melhoraram, mas o contorno dos volumes de tecido continua a exigir cerca de 2 horas para um caso médio de cabeça e pescoço. O tempo de planeamento propriamente dito diminuiu para metade, de cerca de 4 para 2 horas por caso, em grande parte devido a uma melhor compreensão das informações de prescrição específicas que conduzem às distribuições de dose pretendidas para um determinado grupo de doentes. Esta eficiência pode ser atribuída à maior experiência dos planeadores, mais do que ao desenvolvimento dos sistemas de planeamento. As medições de garantia de qualidade requerem cerca de 1 hora por doente antes do primeiro tratamento, mais uma vez cerca de metade do tempo gasto anteriormente. O tempo efetivo de tratamento, um bem precioso no funcionamento de qualquer clínica, diminuiu quase quatro vezes últimos 3 anos. Isto reflecte duas mudanças. Em primeiro lugar, os novos algoritmos de planeamento inverso que utilizam a otimização baseada em contornos anatómicos ou aberturas, em vez de pixéis, o tempo de tratamento para metade. Em segundo lugar, o número de segmentos de tratamento foi reduzido em cerca de 50%, sem perda apreciável de qualidade. Os casos mais complexos de IMRT utilizam atualmente cerca de 50 segmentos distribuídos por uma média de 7 ângulos, que requerem cerca de 10 minutos para serem distribuídos após a preparação do doente. Anteriormente, os tratamentos exigiam 25-35 minutos, e até 40 minutos para casos complexos que utilizavam 120-150 segmentos. Esta melhoria constitui um avanço em termos de eficiência e antecipa uma altura, num futuro próximo, em que os casos mais complexos necessitarão apenas de 15 minutos na sala de tratamento [84]. A experiência anterior com algoritmos de otimização baseados em pixels mostrou que, para casos simples de cabeça e pescoço, os planos de IMRT necessitavam normalmente de 90 segmentos com 6-7 ângulos de feixe, mas para casos complexos de cabeça e pescoço eram necessários 130-160 segmentos com 9 ângulos de feixe. A questão é saber se é possível obter planos com qualidade equivalente com menos segmentos. Os novos algoritmos de planeamento tornaram isto potencialmente possível. Utilizando um algoritmo de otimização baseado na abertura implementado no sistema de planeamento Pinnacle, pode ser especificado o número máximo de segmentos permitido no plano optimizado. Tal como se observa particularmente para os volumes do tronco cerebral, é evidente que existe uma deterioração da qualidade do plano observada abaixo dos 50 segmentos, enquanto os resultados para 50 ou mais segmentos são semelhantes. A conformidade da linha de dose da prescrição é significativamente diferente em 25 segmentos do que em 50-98. O índice de uniformidade (a linha de isodose de prescrição que é usada na prescrição) começa em cerca de 89% para 98 segmentos, e é aproximadamente o mesmo para 50 segmentos. Com 25 segmentos, diminuiu para cerca de 84-85%, o que é provavelmente uma diminuição significativa do ponto de vista clínico. Para os planos de tratamento complexos neste estudo, o número de segmentos poderia ser reduzido em cerca de metade, de cerca de 100 para cerca de 50, sem sacrificar a qualidade [13, 14].

2.2.2 Execução de Radioterapia de Intensidade Modulada

Os aceleradores de radioterapia geram normalmente feixes de raios X que são achatados e colimados por quatro mandíbulas móveis para produzir campos rectangulares. A taxa de dose pré-colimação pode ser alterada uniformemente dentro do feixe, mas não espacialmente, embora os aceleradores de feixes de varrimento tenham a capacidade de modular a intensidade dos feixes de varrimento elementares. Para produzir perfis de fluência com modulação de intensidade, pré-calculados por um plano de tratamento, o acelerador tem de estar equipado com um sistema que possa transformar o perfil de feixe dado num perfil de forma arbitrária. Foram concebidas muitas classes de sistemas de intensidade modulada. Estes incluem compensadores, cunhas, blocos de transmissão, mandíbulas dinâmicas, barra móvel, colimadores multi-folhas, colimadores de tomoterapia e feixes elementares digitalizados de intensidade variável. Destes, apenas os últimos cinco permitem a modulação dinâmica da intensidade. Compensadores, cunhas e blocos de transmissão são técnicas manuais que consomem muito tempo, são ineficientes e não pertencem à classe moderna de sistemas IMRT. As mandíbulas dinâmicas são adequadas para criar distribuições em forma de cunha, mas não são significativamente superiores às cunhas metálicas convencionais. No entanto, o feixe de varredura pode ser usado em conjunto com um MLC dinâmico para superar esse problema e fornecer um grau adicional de liberdade para a modulação dinâmica total da intensidade. O caso do MLC dinâmico com modulação de fluência a montante é uma técnica poderosa mas complexa que atualmente só é possível com aceleradores de feixe de varrimento, como os microtons. Para os aceleradores lineares, parece que o MLC controlado por computador é o dispositivo mais prático para a emissão de feixes com modulação da intensidade (IMB) [13-15].

2.3 Otimização e avaliação do plano

Os critérios para um plano ótimo incluem tanto os aspectos biológicos como os físicos da oncologia por radiação. Por definição, um plano ótimo deve administrar uma dose radical tumoral a todo o tumor e poupar todos os tecidos normais. Estes objectivos podem ser definidos, mas não são alcançáveis em termos absolutos. Para atingir objectivos biológicos quantitativos, foram desenvolvidos modelos que envolvem índices biológicos como a probabilidade de controlo do tumor (TCP) e a probabilidade de complicação do tecido normal (NTCP). Os dados clínicos necessários para validar estes modelos são escassos e, por isso, atualmente, a maioria das avaliações é efectuada com base em parâmetros físicos, nomeadamente a distribuição da dose nos volumes-alvo especificados e a dose nos órgãos designados como críticos (47).

2.3.1 Curvas de isodose

Tradicionalmente, os planos de tratamento são optimizados iterativamente através da utilização de múltiplos campos, modificadores de feixe, pesos de feixe e direcções de feixe adequadas. As distribuições de dose de planos concorrentes são avaliadas através da visualização de curvas de isodose em cortes individuais, planos ortogonais ou superfícies de isodose 3D. Estas últimas representam superfícies de um valor de dose designado que cobrem um volume. Uma superfície de isodose pode ser rodada para avaliar a cobertura de dose volumétrica a partir de diferentes ângulos.

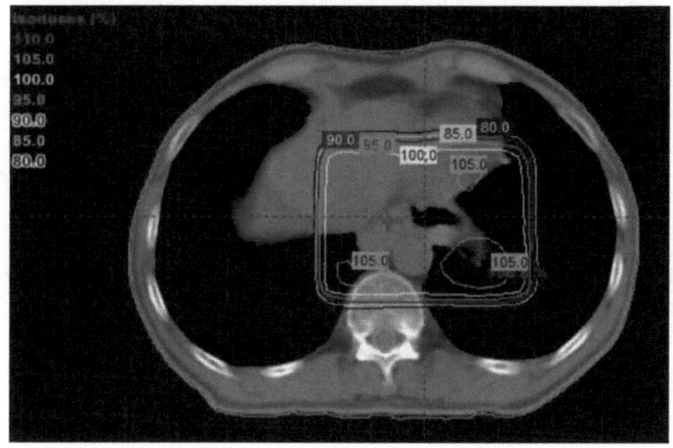

Figura 2-2: Distribuição da dose iso do plano de tratamento.

A Figura 2.2 é um exemplo de curvas de isodose apresentadas em planos ortogonais e uma superfície de isodose que cobre apenas o volume alvo. Uma das principais vantagens do planeamento do tratamento em 3D é a apresentação da distribuição da dose, que pode ser facilmente manipulada para apresentar a cobertura volumétrica da dose em cortes individuais, planos ortogonais ou como superfícies de isodose em 3D. A distribuição de dose é normalmente normalizada para ser 100% no ponto de prescrição da dose, de modo que as curvas de isodose representem linhas de dose igual como uma porcentagem da dose prescrita. Para um plano de tratamento que envolva um ou mais boosts □ (aumento da dose em determinadas partes do alvo, normalmente o GTV), é útil um plano de isodose composto, que pode ser novamente apresentado pela distribuição de isodose em cortes individuais, planos ortogonais ou como superfícies de isodose [47-50].

2.3.2 Histogramas de dose-volume (DVH)

A apresentação da distribuição da dose sob a forma de curvas ou superfícies de isodose é útil não só porque mostra regiões de dose uniforme, dose elevada ou dose baixa, mas também a sua localização anatómica e extensão. No planeamento do tratamento em 3-D, esta informação é essencial, mas deve ser complementada por histogramas de dose-volume (DVH) para as estruturas segmentadas, por exemplo, alvos, estruturas críticas, etc. Um DVH não só fornece informações quantitativas relativamente à quantidade de dose absorvida em cada volume, como também resume toda a distribuição da dose numa única curva para cada estrutura anatómica de interesse. É, portanto, uma excelente ferramenta para avaliar um determinado plano ou comparar planos concorrentes.

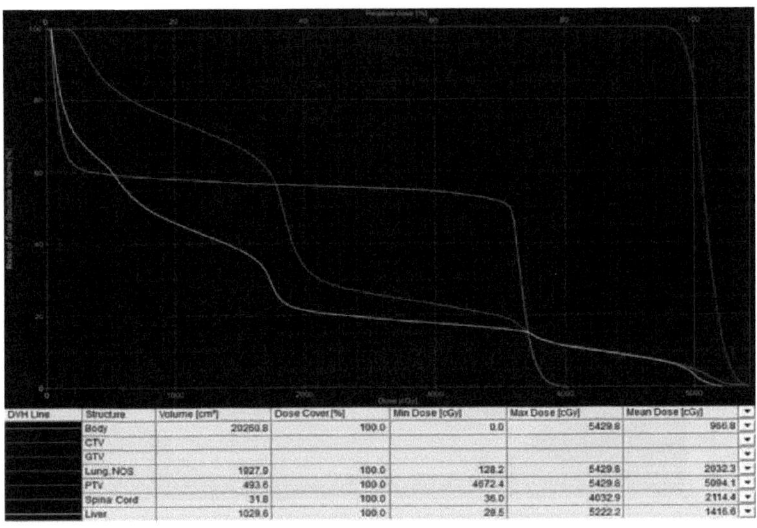

DVH Line	Structure	Volume [cm³]	Dose Cover [%]	Min Dose [cGy]	Max Dose [cGy]	Mean Dose [cGy]
	Body	20260.8	100.0	0.0	5429.8	966.8
	CTV					
	GTV					
	Lung NOS	1927.9	100.0	128.2	5429.8	2032.3
	PTV	493.6	100.0	4672.4	5429.8	5094.1
	Spinal Cord	31.8	100.0	36.0	4032.9	2114.4
	Liver	1029.6	100.0	28.5	5222.2	1416.6

Figura 2-3: Histograma de dose-volume (DVH) do plano de tratamento.

O DVH pode ser representado de duas formas: o DVH integral cumulativo e o DVH diferencial. O DVH cumulativo é um gráfico do volume de uma dada estrutura que recebe uma determinada dose ou uma dose superior em função da dose, como se mostra na Figura 2.3. Qualquer ponto na curva do DVH cumulativo mostra o volume que recebe a dose indicada ou superior. O DVH diferencial é um gráfico do volume que recebe uma dose dentro de um intervalo de dose especificado (ou intervalo de dose) em função da dose. A forma diferencial do DVH mostra a extensão da variação da dose dentro de uma determinada estrutura. Por exemplo, o DVH diferencial de uma estrutura uniformemente irradiada é uma única barra de 100% de volume na dose declarada. Das duas formas de DVH, o DVH cumulativo foi considerado mais útil e é mais frequentemente utilizado do que a forma diferencial [51].

CAPÍTULO 3

PESQUISA BIBLIOGRÁFICA

3.1 Autenticações de tratamentos de radioterapia

A necessidade de uma dosimetria tridimensional exacta e prática tornou-se uma parte necessária do processo de administração e tratamento da radiação. A garantia de qualidade descreve um programa concebido para controlar e manter o padrão de qualidade definido para esse programa. No caso da oncologia por radiação, um programa de garantia de qualidade é essencialmente um conjunto de políticas e procedimentos para manter a qualidade dos cuidados prestados aos doentes. Os critérios gerais ou padrões de qualidade são normalmente definidos coletivamente pela profissão. Espera-se que um programa de GQ concebido especificamente para uma instituição cumpra esses padrões. Os modelos de programas de GQ em oncologia radiológica foram propostos por organizações profissionais como o American College of Radiology (ACR), a American Association of Physicists in Medicine (AAPM) e o American College of Medical Physics (ACMP). Estes programas incorporam muitas das normas e critérios desenvolvidos pelo National Council on Radiation Protection and Measurements (NCRP), a International Commission on Radiation Units and Measurements (ICRU), a International Commission on Radiological Protection (ICRP) e a International Electrotechnical Commission (IEC). Para além disso, foram instituídos programas obrigatórios com componentes de garantia da qualidade pela Comissão Reguladora Nuclear (NRC) e pelos estados individuais. A Joint Commission for Accreditation of Health Care Organizations (JCAHO) também estabeleceu normas mínimas de GQ que são exigidas aos hospitais que pretendem ser acreditados [52-53].

Apesar dos muitos organismos que estabelecem normas e das agências reguladoras, os padrões da prática da oncologia por radiação são bastante variados nos Estados Unidos. Um estudo sobre padrões de cuidados, utilizando como exemplos a doença de Hodgkin, o cancro da próstata e o cancro do colo do útero, mostrou correlações entre os resultados dos doentes e o equipamento, a estrutura, o apoio técnico e as caraterísticas dos médicos das instalações. Estes dados sublinham a importância da garantia de qualidade para proporcionar aos doentes a melhor hipótese de cura. A principal razão para a falta de empenhamento na garantia da qualidade por parte de muitas instituições é de ordem financeira. Um programa de GQ adequado exige mais pessoal e equipamento atualizado, o que pode ser dispendioso. De acordo com a análise de Peters, o custo total do programa de GQ em radioterapia equivale a cerca de 3% da faturação anual dos encargos técnicos e profissionais combinados. Como os programas de GQ são voluntários (com exceção do NRC ou do componente exigido pelo estado), o único incentivo para estabelecer estes programas é o desejo de praticar uma boa radioterapia ou evitar processos por má prática. No entanto, este último não tem sido um impedimento suficiente para efetuar mudanças [47-50].

A IMRT é uma tecnologia nova e, atualmente, não existe consenso quanto à precisão do seu planeamento e aplicação. O desenvolvimento de critérios e diretrizes para a sua implementação é da responsabilidade da instituição que oferece o serviço de IMRT [254]. Se não for implementado um procedimento rigoroso de controlo de qualidade, há uma série de coisas que podem correr mal [50]. Devido à maior complexidade da IMRT, cada plano individual necessita de ser verificado antes da aplicação do tratamento. A GQ em IMRT pode ser dividida em duas categorias: GQ específica do equipamento e GQ específica do doente. A GQ específica do equipamento inclui a exatidão do posicionamento das lâminas, a linearidade da dose, a exatidão da dose, a simetria e a planicidade do campo. A GQ específica do equipamento inclui a colocação em funcionamento e o teste do sistema de entrega, bem como a GQ de rotina do sistema de entrega. A GQ específica do doente é efectuada para cada doente e, geralmente, o seu objetivo é a verificação dosimétrica do plano calculado pela TPS para garantir a segurança do tratamento do doente. É efectuada através da verificação independente da unidade monitora ou da medição direta. A verificação independente é efectuada com software de cálculo de UM ou folhas de cálculo. Estes programas informáticos não são tão sofisticados como os algoritmos de cálculo da dose. A medição direta envolve medições da dose pontual com câmara de ionização e distribuição da dose no plano utilizando película radiográfica ou radiocrómica num fantoma padrão. A abordagem mais comum consiste em mapear o plano do doente para um fantoma padrão que contenha um ou mais detectores. No entanto, este método é trabalhoso, demorado e ineficaz. Apesar de as câmaras de iões e as películas continuarem a ser um padrão de ouro, o controlo de qualidade específico do doente é por vezes efectuado com métodos diferentes. A matriz 2D de câmaras de ionização também é utilizada para a verificação dosimétrica da IMRT, mas os resultados dependem do tamanho da câmara de ionização [46]. As câmaras de grande volume e os detectores de estado sólido não são adequados para a verificação da IMRT devido às grandes incertezas. Por conseguinte, o tamanho da câmara de ionização deve ser considerado antes da sua utilização para IMRT e a secção transversal da câmara deve ser inferior à região de dose uniforme em que é colocada [47-53].

3.2 PRESAGE® Dosímetro para garantia de qualidade

Os dosímetros de gel têm sido utilizados para a dosimetria 3D e muitos estudos demonstram a sua viabilidade. No entanto, os dosímetros de gel podem ser difíceis de fabricar e de ler, e podem apresentar sensibilidade da resposta ao oxigénio. Recentemente, o PRESAGE® (Heuris Pharma LLC, Skillman, NJ) foi estudado como um dosímetro tridimensional radiocrómico. O PRESAGE® é composto por poliuretano, componentes radiocrómicos (corantes Leuco) e iniciadores de radicais livres contendo halogéneos. O PRESAGE® tem um coeficiente de atenuação ótica que varia linearmente com a dose absorvida. A combinação do PRESAGE® e de um scanner ótico de tomografia computorizada respondeu a esta necessidade de medir a dose em três dimensões [54-68]. Existem três caraterísticas do PRESAGE® que o tornam adequado como dosímetro de base radiocrómica. Primeiro, o PRESAGE® pode ser moldado num sólido 3D opticamente claro. Em segundo lugar, o PRESAGE® polimeriza a uma temperatura relativamente baixa, o que minimiza as reacções de oxidação térmica indesejadas que contribuem para aumentar o fundo do dosímetro. Em terceiro lugar, o PRESAGE® é um material equivalente a um tecido [69-76].

Foram efectuados muitos estudos com os dosímetros PRESAGE® que demonstram uma concordância aceitável entre as doses medidas e as doses de referência. Sakhalkar et al demonstraram que o sistema PRESAGE® /optical-CT tem uma excelente precisão, exatidão, reprodutibilidade e robustez para a dosimetria 3D. Oldham et al. demonstraram que os perfis de dose e as isodoses entre o sistema PRESAGE® /optical-CT, o Eclipse e a película EBT2 demonstraram uma excelente concordância em todos os pontos, exceto no espaço de 3 mm do bordo exterior do dosímetro. Além disso, Oldham et al mostraram que as comparações do mapa gama e do cálculo da dose na ausência de não homogeneidade estavam dentro de ± 3 % / ± 3 mm para 96% dos pontos de comparação. Sakhalkar et al também demonstraram que as comparações do perfil de dose relativa entre o Eclipse, o EBT2 e o PRESAGE® estavam dentro dos 4%. As comparações gama mostraram que os cálculos e as medições estavam dentro do critério gama de ±4% e ±3 mm para >94% dos pontos de comparação, exceto os pontos perto dos bordos [77-87].

3.3 Braquiterapia

A braquiterapia é uma técnica de radioterapia em que uma ou várias fontes radioactivas seladas são colocadas na proximidade imediata do tumor ou do local de tratamento utilizando métodos de aplicação intersticial, intracavitária, intravascular ou de superfície. As sementes de braquiterapia são habitualmente utilizadas nos centros de oncologia de todo o mundo para a radioterapia, normalmente nos tratamentos de braquiterapia da próstata, do colo do útero, da mama e da placa ocular. Pouco tempo depois da descoberta do rádio-226 por Marie Curie, em 1898, Pierre Curie seguiu o conceito de inserir um tubo cheio de rádio num tumor para tratamento clínico do cancro, em 1901. Em 1904, pequenas quantidades de rádio encapsuladas em tubos de vidro eram utilizadas clinicamente através de aplicações na superfície da pele e de implantes intratumorais [88]. No entanto, os elevados custos do rádio e as dificuldades em estabelecer um método de tratamento eficaz resultaram no declínio da utilização da braquiterapia até à descoberta do método de criação de radionuclídeos artificiais em 1934, por Irene e Frederic Joliot Curie [89]. Os radionuclídeos artificiais permitiram um maior controlo sobre a quantidade de radioatividade administrada e as dimensões e formas da radioatividade encapsulada. Também se tornaram disponíveis mais opções no que respeita à gama de energia emitida e à semi-vida e iniciou-se a era moderna da braquiterapia. A tecnologia de carregamento à distância, que reduziu significativamente a exposição do pessoal a fontes de elevada atividade, foi introduzida por Walstam e Henschke et al no início da década de 1960, abrindo caminho para a braquiterapia HDR [90].

A dosimetria de gel tem sido continuamente um tópico de interesse na física médica desde que Andrews et al. investigaram pela primeira vez as doses de profundidade da radiação em gel de ágar difundido com hidrato de cloral com espetrofotometria e sondas de pH em 1957[91]. A oferta apelativa de um método direto de captura de distribuições de dose 3D de alta resolução espacial em vez dos métodos complexos e computacionalmente intensivos de cálculo e verificação das distribuições de dose permitiu a realização de vários progressos importantes nas últimas décadas. Em 1984, Gore et al. apresentaram o primeiro método de obtenção de imagens de distribuições de doses de radiação utilizando a ressonância magnética (MRI) em géis de Fricke, um dosímetro químico de sulfato ferroso (desenvolvido por Fricke e Morse em 1927) que sofre uma conversão oxidativa de ião ferroso (Fe2+) para ião férrico (Fe3+) quando exposto à radiação. Foi demonstrado que o tempo de relaxação dos protões nos iões férricos era mais longo do que nos iões ferrosos e, por conseguinte, uma concentração resultante mais elevada de iões férricos produzia uma taxa de relaxação total mais longa, o que permitia estimativas de dose em géis de Fricke [92]. Infelizmente, a precisão espacial não fiável devido à difusão de iões no gel de Fricke [93] resultou em dificuldades que ainda não foram resolvidas, apesar de várias tentativas com agentes quelantes [94] e agentes gelificantes para minimizar a difusão.

O foco da dosimetria de gel voltou-se então para os géis poliméricos. Em 1992, Maryanki et al. desenvolveram um gel polimérico à base de garose denominado BANANA, que é um acrónimo dos componentes químicos: Bis, Acrilamida, Óxido Nitroso e Garose. Este gel sofre polimerização induzida por radiação e ligação cruzada de cadeias poliméricas, o que produz uma resposta estável à dose ao longo do tempo, uma grande vantagem em relação ao problema de difusão de iões no gel de Fricke [95]. As alterações nas taxas de relaxação dos protões nos polímeros devido à polimerização e à ligação cruzada permitiram ainda a capacidade de obtenção de imagens por RMN para análise da dose. Em 1993, Maryanski et al. melhoraram o gel polimérico utilizando gelatina em vez de agarose, dando-lhe assim o novo nome de BANG (acrónimo de Bis, Acrilamida, Azoto e Gelatina Aquosa) [96]. A taxa de relaxação da água no gel de gelatina é substancialmente mais baixa do que nos géis de agarose, pelo que o sinal de fundo do gel polimérico é minimizado e a gama dinâmica do dosímetro de gel é aumentada [97]. Uma sucessão de novos melhoramentos nas formulações do gel BANG. As formulações de gel de BANG conduziram a várias investigações sobre as aplicações clínicas dos géis de polímero, demonstrando um grande potencial para utilização clínica. Gore et al [98] e Maryanski et al [99] apresentaram em 1996 o método de imagiologia por tomografia computorizada ótica (optical-CT) como uma técnica mais eficiente e sensível em comparação com a RMN para a imagiologia de dosímetros de gel. Oldham et al avançaram com a técnica de TC-ótica em 2003-2004 [100-102], levando eventualmente à conceção e fabrico do scanner de TC-ótica utilizado neste projeto. Embora a dosimetria com gel de polímero tenha um elevado potencial como dosímetro 3D, vários inconvenientes limitam a utilização clínica prática destes géis. A maior desvantagem dos géis poliméricos é a sua elevada sensibilidade ao oxigénio atmosférico. O oxigénio actua como um inibidor de radicais livres nos géis de polímero e resulta na inibição da resposta de polimerização à radiação. Os géis poliméricos têm de ser sintetizados e armazenados num ambiente isento de oxigénio, o que apresenta complicações no processo de fabrico e na utilização clínica. Além disso, a resposta à dose de radiação no gel de polímero depende dos efeitos de dispersão da luz que geram uma alteração na densidade ótica. Foi demonstrado que os fotões de luz dispersos causam artefactos de dispersão no gel que afectam a precisão da resposta à dose. O recipiente externo necessário para conter o gel também introduz grandes artefactos de borda com a TC ótica devido às diferenças nos índices de refração do recipiente, do gel e do fluido correspondente. Assim, os dosímetros PRESAGE® foram introduzidos em 2003 por J. Adamovics e M. J. Maryanski [102]. Em 2009, Wai *et al* compararam as funções de anisotropia para distâncias a r = 1 cm e r = 2 cm de uma fonte HDR 192Ir medida no PRESAGE® com os cálculos MCNP Monte Carlo e a película EBT. Os resultados mostraram uma concordância de 3% a 1 cm para as funções de anisotropia medidas no PRESAGE® em comparação com o seu estudo de Monte Carlo para uma fonte Nucletron micro Selectron-HDR. É necessário um trabalho mais extenso para a caraterização dos dosímetros PRESAGE® para braquiterapia, especialmente para fontes LDR. Com a precisão estabelecida do PRESAGE® na medição de fontes de braquiterapia, novas fontes de braquiterapia podem ser caracterizadas através da dosimetria 3D no PRESAGE® (103).

3.3 Terapia de protões

Durante a última década, a utilização de feixes de protões para o tratamento do cancro aumentou. A dispersão passiva tem sido a técnica mais comum para a administração de feixes de protões. A dispersão passiva utiliza rodas de modulação de gama com uma combinação de aberturas de modelação de campo e compensadores para fornecer uma distribuição uniforme da dose ao alvo

[104107]. Até recentemente, a tecnologia de varrimento de protões só estava disponível numa instalação, nomeadamente o Instituto Paul Scherrer (PSI), na Suíça. O feixe de varrimento pontual no PSI move-se apenas ao longo do eixo longitudinal e é combinado com uma marquesa móvel. Os feixes de protões de varrimento confinam a distribuição da dose ao volume alvo, depositando a dose utilizando feixes de lápis de diferentes energias para administrar a dose sem utilizar quaisquer dispositivos de dispersão ou de modulação do alcance [108]. Isto é considerado uma melhoria em relação aos feixes de protões dispersos passivamente porque não existem aparelhos no percurso do feixe para produzir contaminação com neutrões [109]. O princípio do feixe de varrimento é simples e baseia-se no facto de os protões, sendo partículas carregadas, estarem sujeitos a forças de Lorentz. Ou seja, quando sujeitos a um campo elétrico, os protões são acelerados e quando sujeitos a um campo magnético, os protões são deflectidos. Em profundidade, os picos de Bragg são empilhados através da alteração da energia dos protões. Através desta combinação de varrimento e variação de energia, o pico de Bragg pode ser efetivamente colocado em qualquer lugar em três dimensões dentro do alvo. A uniformidade da dose é então alcançada através de uma otimização matemática das fluências individuais de cada feixe de lápis [110, 111].

3.4 Objectivos da tese

A otimização do planeamento do tratamento de Radioterapia requer a escolha de uma série de parâmetros para que se possa obter o melhor e mais adequado plano de tratamento. Assim, este trabalho tem como objetivo aumentar a probabilidade de obter as autenticações desejadas, bem como a distribuição de dose mais adequada através da análise de sistemas de cálculo de distribuição de dose 3D. A combinação do PRESAGE® e de um scanner ótico de tomografia computorizada respondeu a esta necessidade de medir a dose em três dimensões. Existem três caraterísticas do PRESAGE® que o tornam adequado como dosímetro de base radiocrómica. Primeiro, o PRESAGE® pode ser moldado num sólido tridimensional opticamente claro. Em segundo lugar, o PRESAGE® polimeriza a uma temperatura relativamente baixa, o que minimiza as reacções de oxidação térmica indesejadas que contribuem para aumentar o fundo do dosímetro. Em terceiro lugar, o PRESAGE® é um material equivalente a um tecido. As propriedades radiológicas e a formulação foram estudadas por muitos autores que relataram que o PRESAGE® tem um número atómico efetivo (Z_{eff}) que é 17% superior ao da água.

Foram efectuados muitos estudos com os dosímetros PRESAGE® que demonstram uma concordância aceitável entre as doses medidas e as doses de referência. A radiação externa parcial da mama é um método de terapia que trata a área onde se encontra o cancro, minimizando ou evitando a radiação na maior parte do restante tecido mamário. A ideia subjacente à radiação parcial externa da mama é tratar apenas a área da mama com maior risco de recorrência. O risco de recorrência do cancro numa parte diferente da mesma mama é bastante baixo. Apenas alguns estudos muito pequenos, com muito pouco acompanhamento, foram efectuados sobre a aplicação de radiação parcial da mama externamente após a cirurgia [112]. Os investigadores continuam a estudar a radiação externa parcial da mama para utilização após a lumpectomia, a fim de verificar se os benefícios se comparam com o padrão atual de radiação em toda a mama. O tipo e a distribuição da radiação são concebidos para maximizar a dose na área que precisa de ser tratada e para evitar ou minimizar a radiação nos tecidos próximos da área. O trabalho anterior centrou-se nas caraterísticas dosimétricas básicas do PRESAGE® e na investigação da viabilidade do sistema PRESAGE®/optical-CT para dosimetria 3D. Estas últimas investigações envolveram o fornecimento de distribuições de dose simples ou distribuições IMRT a dosímetros fabricados em formas cilíndricas regulares. O presente estudo avalia a viabilidade de um dosímetro antropomórfico PRESAGE® em forma de peito e baseia-se neste trabalho anterior, aplicando o sistema PRESAGE® /optical-CT à verificação de uma distribuição IMRT complexa de cinco campos para IMRT da mama. Tanto quanto sabemos, este é o primeiro estudo de um dosímetro antropomórfico de mama PRESAGE® . Foram também efectuadas medições independentes utilizando a película EBT2 GAFCHROMIC® como verificação das distribuições PRESAGE® e Pinnacle^3 (Philips Healthcare, Eindhoven, Países Baixos). No tratamento do cancro da próstata por terapia de protões, a PTCH utilizou normalmente dois feixes opostos no alvo da próstata. Anteriormente, a RPC utilizou um fantoma para a dispersão passiva do feixe de protões e verificou que, utilizando um valor adequado de potência de paragem relativa, o fantoma da próstata podia ser utilizado para avaliar a terapia por feixe passivo de protões. A avaliação do varrimento pontual é um novo desafio. Por conseguinte, o objetivo deste estudo é também avaliar o varrimento pontual para a terapia da próstata utilizando o fantoma RPC.

CAPÍTULO 4

MÉTODOS E MATERIAIS

4.1 Formulação de poliuretano para o dosímetro PRESAGE ®

Os dosímetros tridimensionais de gel foram extensivamente estudados na década de 1950 por vários grupos de investigação [113-115]. No início da década de 1960, foi publicado um estudo de um dos primeiros dispositivos dignos de nota, baseado no método de imagiologia tridimensional das distribuições de dose [116]. Este dispositivo ficou conhecido como o dosímetro HAP, uma vez que era composto por uma matriz de cera de parafina juntamente com um hidrocarboneto halogenado como iniciador de radicais livres e um corante leuco. A matriz polimérica é formada em duas etapas. Na primeira etapa, um pré-polímero, referido como "Parte A", é formado pela reação de um equivalente molar de poliol disponível comercialmente com dois equivalentes molares de um diisocianato, como mostrado abaixo na Etapa 1. O pré-polímero resultante da "Parte A" contém 1-15% de isocianato não reagido e pode ser armazenado à temperatura ambiente durante longos períodos de tempo. A segunda etapa consiste em misturar o corante leuco, um iniciador de radicais livres e um catalisador com a "Parte B" (um poliol disponível no mercado) e, em seguida, misturar com a Parte A em proporções iguais, colocar o material misturado no molde adequado e incubar a uma temperatura óptima sob uma pressão de 60 psi 0,414 MPa (60 psi) para minimizar a libertação de gases. O esquema de reação é apresentado na equação de duas etapas abaixo. O corante leuco utilizado nestes estudos foi o verde de leucomalaquite (LMG, Sigma-Aldrich, St Louis, MO) e os iniciadores de radicais livres utilizados foram o clorofórmio, o tetracloreto de carbono, o cloreto de metileno e o tetracloroetano. Tetracloreto de carbono, cloreto de metileno e tetracloroetano [116].

Step 1

$$\begin{aligned}&HO{-}R_1{-}OH(\text{Polyol}) + 2OCN{-}R_2\\&\quad -NCO(\text{Diisocyanate}) \rightarrow OCN{-}R_2\\&\quad -[-NH{-}C(=O){-}O{-}R_1{-}O{-}C(=O)\\&\quad -NH{-}R_2{-}]_n{-}NCO(\text{prepolymer, PART A})\end{aligned}$$

Step 2

$$\begin{aligned}&\text{PART A} + HO{-}R_3{-}OH(\text{PART B})\\&\quad + \text{leuco dye} + \text{free radical initiator} + \text{catalyst} \rightarrow\\&\quad -[(C(=O){-}NH{-}R_2{-}NH{-}C(=O)\\&\quad -O{-}R_1{-}O{-}C(=O){-}NH{-}R_2)_n\\&\quad -NH{-}C(=O){-}O{-}R_3{-}O]{-}_m\\&\quad + \text{leuco dye} + \text{free radical initiator} + \text{catalyst}\end{aligned}$$

4.1.1 Difusão

Preparou-se um dosímetro utilizando um balão retangular de poliestireno de 60 ml como molde. A fim de produzir um contraste significativo de densidade ótica entre as partes expostas e não expostas do dosímetro , este foi irradiado com um campo quadrado de raios X de 145 kVp (unidade de raios X Torrex 150D, EG&G, Long Beach, CA) para fornecer uma dose de 44 Gy. O feixe de raios X foi alinhado ao longo do eixo central do dosímetro. O bordo da exposição quadrada resultante foi avaliado através da realização de um varrimento de linha a 633 nm a partir da região não exposta, através do bordo exposto e para dentro da região exposta, utilizando um scanner ótico com a largura de pixel definida para 0,3 mm. As medições foram efectuadas aos 10 minutos, depois a cada 24 horas durante 7 dias e aos 14 dias após a irradiação. A difusão do bordo exposto para o meio não exposto foi medida através da determinação da alteração do perfil de projeção (tensão do fotodetector vs. pixels) ao longo da região digitalizada no decurso da experiência [117].

4.1.2 Dependência da resposta à dose

As amostras foram irradiadas com doses graduadas de fotões de 6 MV a seis taxas de dose diferentes de 1 a 6 Gy/min e verificou-se que a resposta é linear. O dosímetro PRESAGE® foi moldado a partir de um lote de mistura pré-moldada que era composta por um solvente, um corante leuco e um iniciador de radicais livres à base de halogéneo, como se mostra na Figura 4.1. A formulação do PRESAGE® utilizada neste estudo tinha um Z_{eff} de 7,6, de acordo com a Heuris Pharma, e uma densidade física de 1,07 g/cm3. O dosímetro PRESAGE® foi moldado em forma de peito. O dosímetro foi digitalizado com o Duke Midsized Optical Scanner dedicado ao RPC (DMOS-RPC) (Duke University, Durham, NC) utilizando 1 grau por passo para produzir 360 imagens de projeção. As imagens transversais foram reconstruídas por retroprojeção filtrada para uma margem de voxel de 1 mm [117].

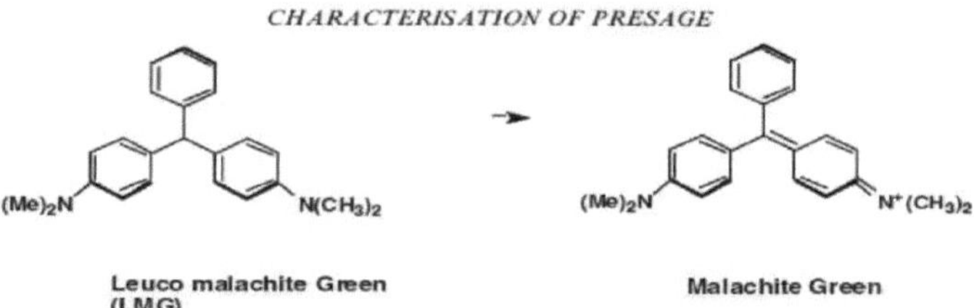

Figura 4-1: Estrutura molecular do corante leuco, do verde de leucomalaquite e do produto de oxidação verde de malaquite.

4.2 O scanner ótico de médio porte Duke

O scanner DMOS-RPC é constituído por uma fonte telemétrica e por uma lente de imagem que permitem obter um campo de visão (FOV) adaptado às dimensões do dosímetro, como mostra a figura 4.2. O DMOS-RPC utiliza uma fonte de luz difusa quase paralela, acoplada a uma lente telecêntrica correspondente e a uma câmara CCD para obter imagens do PRESAGE® . A luz passa através de um aquário com um revestimento antirreflexo que contém o PRESAGE® e o fluido correspondente. A luz é atenuada através do dosímetro e recebida por uma lente telecêntrica. O fluido correspondente é composto por salicilato de octilo, octilcinamato e óleo mineral, numa combinação que corresponde ao índice de refração do PRESAGE® . Os artefactos de borda resultam da reflexão e refração devido a uma correspondência imperfeita do índice de refração entre a solução de óleo mineral e o PRESAGE® [118].

Figura 4-2: O sistema DMOS-RPC. A câmara acoplada a uma lente telecêntrica é mostrada do lado esquerdo, o banho de água no centro e a fonte de luz com lente telecêntrica à direita. O motor de rotação é apresentado por baixo do banho de água.

O scanner DMOS-RPC é um sistema de varrimento robusto e económico que pode fornecer, de forma rápida e eficaz, informações dosimétricas tridimensionais sobre a precisão da distribuição de doses complexas, conforme determinado em dosímetros radiocrómicos com baixos níveis de luz dispersa contaminante. A conceção do scanner foi desenvolvida a partir de sistemas anteriores do nosso laboratório. Descrevemos aqui as primeiras experiências preliminares com o scanner, efectuadas em Duke antes da instalação no RPC, como se mostra na Figura 4.3.

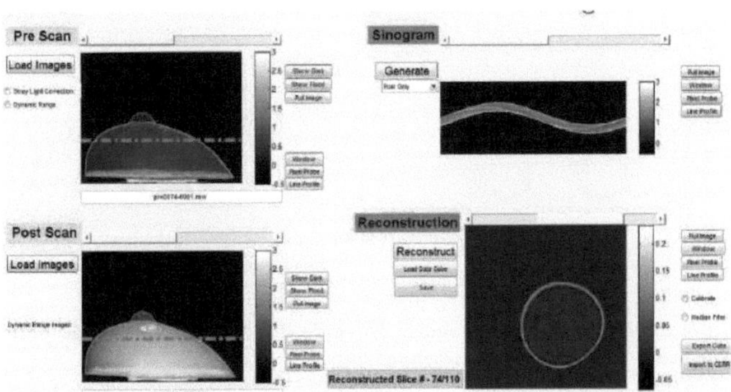

Figura 4-3: Interface gráfica do utilizador para a reconstrução DMOS. Em cima à esquerda: imagens de projeção associadas ao exame pré-irradiação. Canto superior direito: sinograma. Em baixo à esquerda:

imagens de projeção do exame pós-irradiação. Em baixo à direita: imagem transversal reconstruída. É aplicada uma correção para a luz difusa a cada exame pré-irradiação e projeção de exame pós-irradiação antes da reconstrução.

4.3 Película Gafchromic EBT2

Desde a sua introdução em 2004, a película radiocrómica EBT da Gafchromic (International Specialty Products, Wayne, EUA) tem sido amplamente adoptada para utilização em testes de garantia de qualidade de tratamentos clínicos de radioterapia, incluindo tratamentos conformacionais 3D, de intensidade modulada e estereotáxicos , bem como terapias de arco, incluindo tomoterapia. O EBT2 tem sido rigorosamente investigado e considerado capaz de produzir medições de dose fiáveis e reprodutíveis, com um elevado grau de precisão espacial e uniformidade de resposta [119-126]. No entanto, para obter estes resultados, a EBT demonstrou exigir o cumprimento de procedimentos específicos de manuseamento, irradiação e digitalização. Se a película Gafchomic EBT2 for adoptada de forma semelhante, é necessário estabelecer as suas capacidades, limitações e procedimentos necessários. A película EBT2 tem uma estrutura de várias camadas que, embora semelhante à da película EBT original, tem várias caraterísticas distintivas importantes (tal como referido pelo fabricante). Em contraste com a película EBT, a película EBT2 tem uma construção não simétrica e apenas uma camada ativa, como se mostra na Figura 4.4. A principal vantagem da dosimetria com película é a excelente resolução espacial (limitada apenas pela resolução de varrimento) que advém da utilização de um meio contínuo. A película EBT2 também demonstrou apresentar uma dependência energética mínima [127-128].

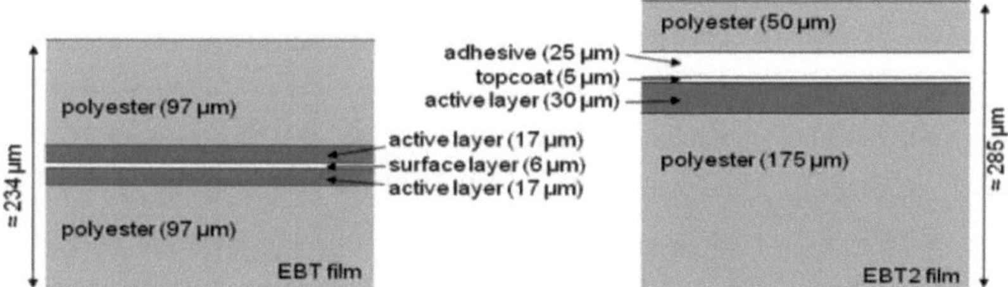

Figura 4-4: Estrutura da película EBT2 (à direita) comparada com a da película EBT (à esquerda), tal como indicado pelo fabricante.

4.4 Dispositivo SAVI

O cancro da mama é a neoplasia maligna mais comum diagnosticada nas mulheres e é a segunda principal causa de morte por cancro nos Estados Unidos. A melhoria dos mecanismos de rastreio levou a que um maior número de mulheres fosse diagnosticado em fases mais precoces da doença. Um diagnóstico mais precoce conduziu provavelmente ao recente declínio da mortalidade, mas também deixa estas mulheres com mais opções de tratamento do que nunca. Tradicionalmente, o cancro da mama tem sido tratado com uma combinação de cirurgia e radiação. Ao longo dos anos, o tratamento cirúrgico do cancro da mama tornou-se menos invasivo e a radiação pós-operatória tornou-se mais específica. A remoção de toda a mama através de mastectomia era comum até à década de 1980. Durante esse período, os estudos provaram que a terapia de conservação da mama (BCT), que consiste na lumpectomia seguida de radiação de feixe externo para toda a mama, proporcionava os mesmos resultados de sobrevivência. Atualmente, a irradiação de toda a mama (WBI) após lumpectomia está a ser posta em causa por estudos que demonstram que a irradiação parcial da mama (PBI) proporciona os mesmos resultados de sobrevivência, juntamente com uma redução da toxicidade para os tecidos saudáveis. A eficácia a longo prazo da PBI ainda está a ser analisada na esperança de que demonstre resultados a longo prazo comparáveis aos da WBI. A técnica de PBI mais comummente utilizada e que está a ser investigada é o Mammo Site Radiation Therapy System (RTS), como se mostra na Figura 4.5 (A). O Mammo Site RTS e a BCT convencional estão entre as técnicas mais utilizadas no tratamento do cancro da mama em fase inicial [129-139].

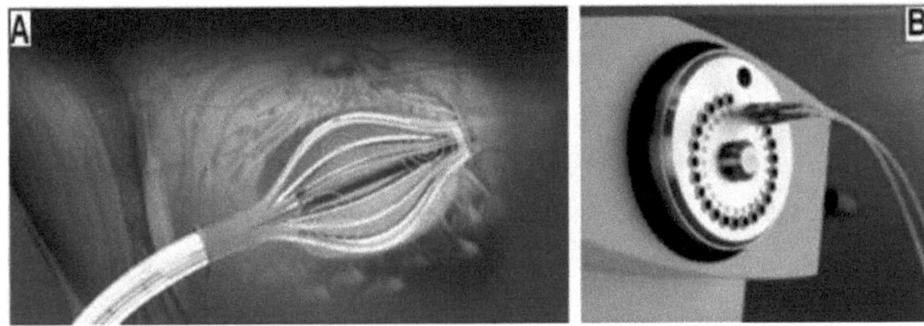

Figura 4-5: Braquiterapia por balão intracavitário (A) e sistema de braquiterapia Varian (B).

O dispositivo SAVI™ é um dispositivo de braquiterapia mamária de entrada única. Está disponível em quatro tamanhos, com seis, oito ou dez cateteres periféricos e um central, como se mostra na Figura 4.6. Neste trabalho, foi utilizado o SAVI 6-1, que é introduzido na cavidade da lumpectomia num estado colapsado e depois expandido para se ajustar à cavidade. Os múltiplos cateteres permitem a otimização das posições e tempos de permanência para ter em conta a proximidade da pele ou do músculo peitoral.

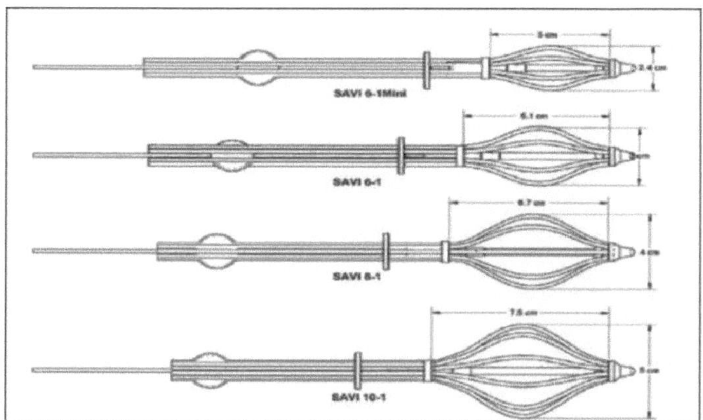

Figura 4-6: Os três tamanhos de dispositivos SAVI™ e as suas dimensões físicas correspondentes. Figura fornecida por cortesia da Cianna Medical.

Os cateteres periféricos adicionais do dispositivo permitem ao utilizador modelar mais de perto a conformidade da dose elevada obtida com um implante intersticial, mantendo, no entanto, a simplicidade de um dispositivo de entrada única. Estão presentes marcadores radiopacos nas hastes 2, 4 e 6 de cada dispositivo para permitir a identificação da haste durante o planeamento do tratamento [140].

4.5 Software ImageJ

O ImageJ é um programa de processamento de imagens Java de domínio público inspirado no NIH Image para o Macintosh. É executado como um applet online ou como uma aplicação descarregável em qualquer computador com uma máquina virtual Java 1.4 ou posterior, como mostra a figura 4.7. Pode apresentar, editar, analisar, processar, guardar e imprimir imagens de 8 bits, 16 bits e 32 bits. Pode ler muitos formatos de imagem, incluindo TIFF, GIF, JPEG, BMP, DICOM, FITS e "raw". Suporta "stacks", uma série de imagens que partilham uma única janela, como se mostra na Figura 4.7.

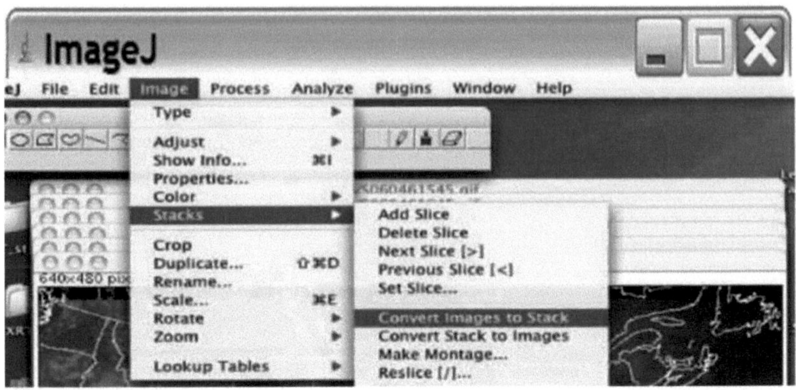

Figura 4-7: Janela da barra de ferramentas principal do ImageJ.

É multithreaded, pelo que as operações demoradas, como a leitura de ficheiros de imagem, podem ser executadas em paralelo com outras operações. Pode calcular estatísticas de área e valor de pixel de selecções definidas pelo utilizador. Pode medir distâncias e ângulos. Pode criar histogramas de densidade e gráficos de perfil de linha. Suporta funções de processamento de imagem padrão, tais como manipulação de contraste, nitidez, suavização, deteção de bordos e filtragem mediana. Efectua transformações geométricas, como escalonamento, rotação e inversão.

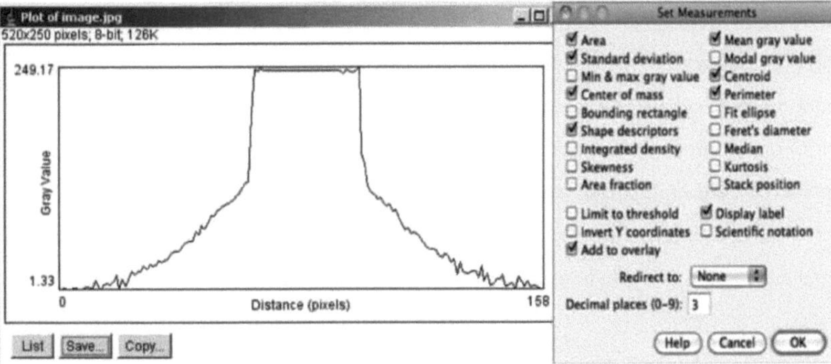

Figura 4-8: Janela principal do ImageJ apresentando uma série de parâmetros.

Todas as funções de análise e processamento estão disponíveis em qualquer fator de ampliação. O programa suporta qualquer número de janelas (imagens) simultaneamente, limitado apenas pela memória disponível. A calibração espacial está disponível para fornecer medições dimensionais do mundo real em unidades como milímetros. A calibração de densidade ou escala de cinza também está disponível. O ImageJ foi concebido com uma arquitetura aberta que proporciona extensibilidade através de plug-ins Java. É possível desenvolver plug-ins personalizados de aquisição, análise e processamento usando o editor integrado do ImageJ e o compilador Java. Os plugins escritos pelo utilizador permitem resolver quase todos os problemas de processamento ou análise de imagens, como se mostra na Figura 4.8.

4.6 Calibração do dosímetro PRESAGE® e da película EBT2

O PRESAGE® é um plástico de poliuretano transparente e sólido dopado com um corante leuco radiocrómico que exibe uma mudança de cor induzida pela radiação, com o pico de absorção a ocorrer a 633 nm. Diferentes protocolos de formulação produzem dosímetros com caraterísticas radiocrómicas variáveis. Foram efectuadas medições de dose 2D independentes em planos selecionados através da película Gafchromic® EBT2, de modo a facilitar a resolução de quaisquer discrepâncias entre as distribuições de dose do planeamento do tratamento PRESAGE® optical-CT e pinnacle[3]. Foi adquirida uma curva de calibração ao mesmo tempo que as irradiações experimentais e é apresentada na Figura 4.9 (A, B). As películas foram digitalizadas utilizando um scanner fotográfico plano de transmissão/reflexão de 48 bits Epson-10000XL (Epson America, Inc. Long Beach, CA). Cada película foi digitalizada no modo de transmissão e apenas o canal vermelho foi extraído para análise, porque a película EBT2 tem uma resposta máxima à luz vermelha a 633 nm [141]. A exposição foi convertida em densidade ótica utilizando a equação 3.1, em que rU é a exposição irradiada da película e rE é a exposição antes da película irradiada e op é o valor opaco. A equação 3.2 foi utilizada para converter a densidade ótica em dose em Gy.

$$OD = (\text{Log10}\ (rU\text{-}Op)/(rE\text{-}Op)) \quad (3.1)$$

OD para cGy -->

$$y = a3x^3 + a2x^2 + A1x \quad (3.2)$$

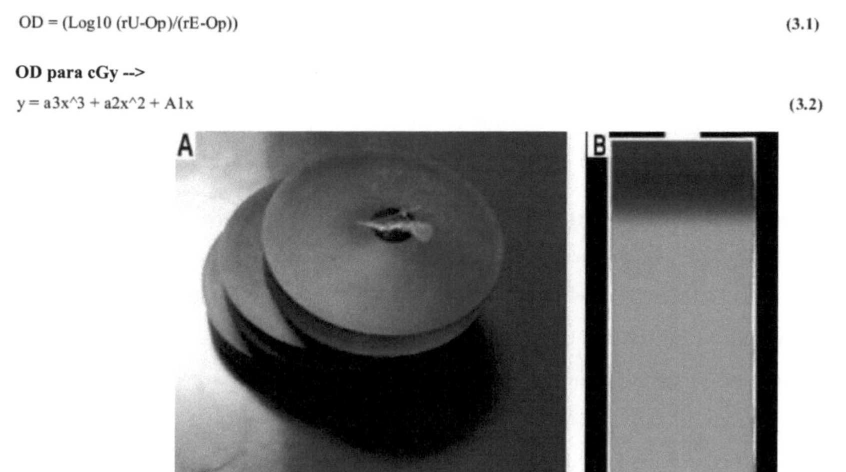

Figura 4-9: (A) O PRESAGE® foi cortado em três secções para obter a curva de calibração. (B) Película de Gafchrmic EBT2.

4.7 Tomografia computadorizada e contorno

Foi adquirida uma TAC de raios X de planeamento do tratamento com uma espessura de corte de 1 mm do dosímetro PRESAGE® da mama utilizando um scanner GE CT (GE Healthcare

Technologies, Waukesha, WI). Após a tomografia, foi efectuada uma tomografia ótica pré-irradiação para avaliar quaisquer alterações de densidade ótica da aquisição da tomografia. Os dados da TAC foram exportados para uma estação de trabalho de planeamento do tratamento Pinnacle³ v 9.0®, onde foram criados os planos de tratamento. Foi efectuado o contorno de toda a mama. O PTV foi criado contraindo uniformemente o contorno da mama em 3 mm. Foi criada uma estrutura de prevenção do pulmão por baixo da mama. Estas estruturas estão ilustradas na Figura 4.10 (A). Os subvolumes do PTV foram desenhados dentro do PTV para elucidar se as regiões de interesse mais profundas eram menos afectadas pelos artefactos de borda. Os subvolumes do PTV foram criados contraindo o PTV isotropicamente em 1 mm, 3 mm e 5 mm, conforme ilustrado na Figura 4.10 (A).

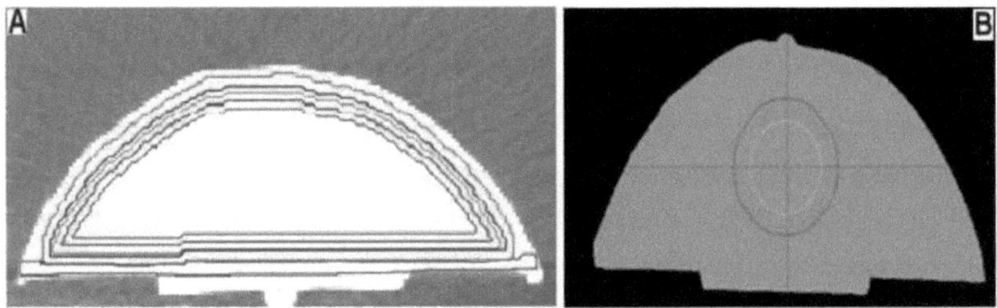

Figura 4-10: (A) Corte de TAC indicando as regiões de interesse para o caso de IMRT da mama com cinco campos. (PTV, sub-PTV e OAR da mama (-Breast 2mm, -IMRT PTV, -IMRT PTV-1mm, - IMRTPTV-3mm,-IMRT PTV-5mm, -OAR), (B) GTV-, CTV-, PTV- da mama parcial.

Para a 3DCRT, o contorno parcial da mama foi efectuado de forma a que o contorno da mama fosse delineado 1 mm abaixo da superfície e o PTV fosse definido a 20 mm abaixo da superfície. O volume CTV foi desenhado 5 mm dentro do PTV para mitigar o efeito dos artefactos de borda na análise. O volume GTV foi desenhado contraindo o PTV em 10 mm, como se mostra na Figura 4.10 (B).

4.8 Planeamento do tratamento e aplicação de feixe externo

O plano de IMRT foi optimizado para fornecer 300 e 500 cGy ao PTV, evitando mais de 75% da estrutura de prevenção do pulmão com 5 ângulos de gantry (265, 300, 0, 60 e 95 graus) com 6MV. O PRESAGE® de mama estava situado num bloco de 5 cm de água sólida na mesa do linac e os lasers estavam alinhados com as três BBs, como se mostra na Figura 4.11 (B). As doses foram administradas ao dosímetro com um acelerador linear Varian 21EX (Varian Medical Systems, Palo Alto, CA), como se mostra na Figura 4.11 (A). O plano de tratamento parcial de três campos foi planeado com um par de cunhas dinâmicas melhoradas (EDW) de 15° em campos oblíquos para fornecer a distribuição de dose pretendida no volume alvo de planeamento (PTV) com ângulos de gantry de 0°, 60° e 300°, respetivamente.

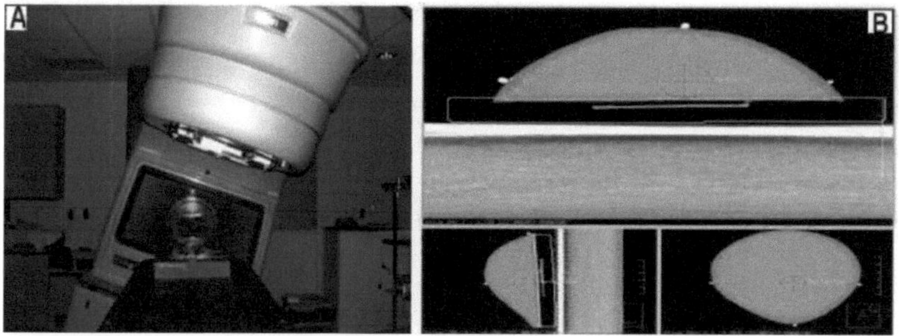

Figura 4-11: (A) Fotografia do Acelerador Linear Varian 2300 C/D [cortesia da Varian e do centro de cancro M D Anderson] Vistas axial, sagital e coronal da mama PRESAGE®. (B) As regiões de interesse são a mama (vermelho), o PTV (verde) e o pulmão evitado (amarelo).

4.9 Planeamento do tratamento de braquiterapia e execução

A tomografia computadorizada de raios X de planeamento do tratamento com uma espessura de corte de 1,25 mm do dosímetro de mama PRESAGE® foi adquirida utilizando um scanner GE CT (GE Healthcare Technologies, Waukesha, WI). Os dados do CT foram exportados para a estação de trabalho de planeamento Oncentra® Master plan version, 4.1 brachy TPS (Nucletron, Veenendaal, Países Baixos). A cavidade foi contornada como a periferia do dispositivo SAVI. A pele foi gerada através da contração do contorno externo em 2 mm (142). Foi contornado todo o ar e seroma em contacto com a periferia do SAVI. O PTV_OPT foi gerado expandindo a cavidade 10 mm isotropicamente e limitando-a pela pele e 2 mm para dentro do contorno externo. O PTV_EVAL foi criado subtraindo a cavidade do PTV_OPT. Foram criados subvolumes para subtrair o exterior ao PTV_OPT e outros subvolumes foram desenhados contraindo o (exterior- PTV_OPT) em 1 mm, 3 mm e 5 mm isotropicamente, como se mostra na figura 4.12 (A,B).

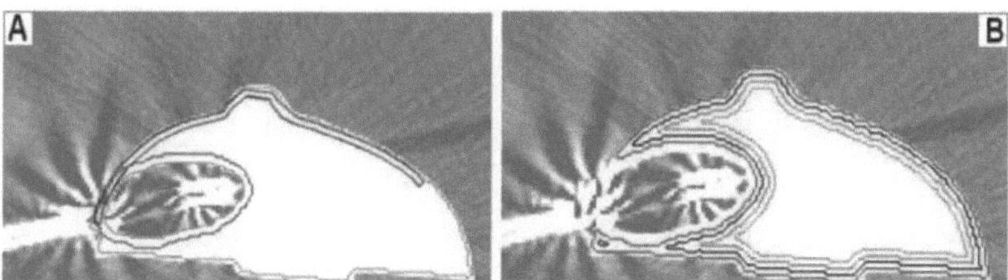

Figura 4-12: Figura (A) dos contornos da mama (-Externo, -Cavidade, -PTV_EVL, -Pele). Figura (B) (-(Externo -PTV _OPT), -((Externo - PTV _OPT) _1mm),- ((Externo - PTV_ OPT) _3mm), - ((Externo - PTV_ OPT) _5mm).

4.10 Medição independente da película EBT2

A verificação independente da distribuição da dose foi efectuada utilizando a película GAFCHROMIC® EBT2 (ISP Corp, Wayne, NJ, EUA). A estabilidade temporal, a independência direcional e a conveniência da película radiocrómica de revelação automática foram as razões básicas para utilizar a película EBT2. Um dosímetro PRESAGE® foi cortado em três níveis, correspondendo aproximadamente a planos axiais paralelos, e foram colocados pedaços de película EBT2 entre as secções do PRESAGE® , como se mostra na Figura 4.13 (A, B) para radioterapia externa e interna.

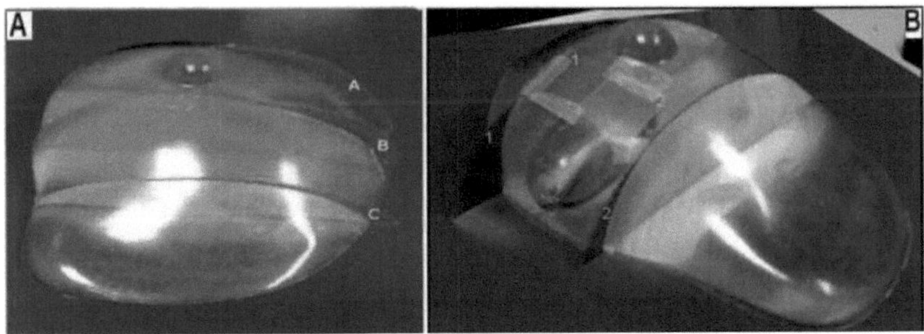

Figura 4-13: (A) O PRESAGE® foi cortado em três secções axiais. (B) O PRESAGE® foi cortado em duas secções axiais para braquiterapia. A película EBT2 foi inserida no plano de corte para fornecer uma medição 2D independente das distribuições de dose neste plano.

O dosímetro com os filmes inseridos foi irradiado com o plano IMRT original, o plano parcial e o plano HDR. As películas foram digitalizadas utilizando um scanner fotográfico plano de transmissão/reflexão de 48 bits Epson-10000XL (Epson America, Inc. Long Beach, CA). Cada película foi digitalizada no modo de transmissão e apenas o canal vermelho foi extraído para análise, uma vez que a película EBT2 tem uma resposta máxima à luz vermelha a 633 nm. A curva de calibração foi aplicada à película EBT2 para converter a DO em dose.

4.11 Registo de dados e análise de doses

As imagens transversais com a distribuição de dose do DMOS-RPC e o plano de tratamento Pinnacle[3] foram exportados para o programa CERR, Computational Environment for Radiotherapy Research, mostrado na figura 4.14 (Memorial Sloan Kettering Cancer Center, Nova Iorque, NY). A distribuição da dose calculada a partir do Pinnacle[3] foi comparada com as distribuições medidas a partir do PRESAGE® e do EBT2. Os exames do EBT2 foram analisados com o software Image J (National Institutes of Health, EUA).

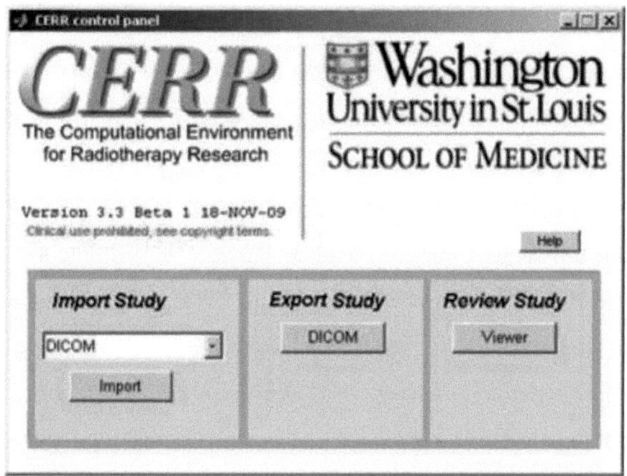

Figura 4-14: Software CERR (Computational Environment for Radiotherapy Research program).

Na altura desta investigação, o software CERR não dispunha de um verdadeiro cálculo de gama em 3D, pelo que toda a análise quantitativa entre conjuntos de dados se restringiu a uma análise fatia a fatia utilizando perfis de linha, DVHs e mapas de gama em 2D. O critério de análise para o mapa gama foi fixado no máximo em ±3% de diferença de dose e ±3 mm de distância para concordância. Para os mapas gama, o critério de aceitação da diferença de dose representa um critério mais rigoroso do que o atualmente utilizado para os protocolos IMRT de cabeça e pescoço do RTOG (±7%-±4 mm) [143]. O critério de aceitação da distância para concordância de 3 mm correspondeu à resolução da grelha de dose calculada pelo Pinnacle[3]. As comparações com o filme EBT2 foram utilizadas como uma segunda medição independente para verificar a exatidão do PRESAGE® e do Pinnacle[3].

4.12 Terapia de protões

O varrimento de feixes pontuais de protões, com a sua capacidade de fornecer terapia de protões com intensidade modulada (IMPT), é uma tecnologia em rápido desenvolvimento. Os feixes de protões de varrimento oferecem uma melhor conformação da dose, sem necessidade de colimadores e compensadores, e possivelmente uma menor contaminação por neutrões em comparação com a técnica de feixes de dispersão passiva. Os feixes de protões de varrimento podem ser administrados utilizando diferentes abordagens, incluindo o varrimento pontual dinâmico, o varrimento raster e o varrimento pontual discreto3. Até há pouco tempo, a tecnologia de varrimento de protões só estava disponível numa instalação, nomeadamente o Instituto Paul Scherrer (PSI), na Suíça. O feixe de varrimento pontual no PSI move-se apenas ao longo do eixo longitudinal e é combinado com uma marquesa móvel. Recentemente, foi descrita a caraterização clínica de um sistema de varrimento uniforme contínuo do feixe de protões no ciclotrão da Universidade de Indiana no Midwest Proton

Research Institute (MPRI) em Bloomington. O sistema MPRI utiliza ímanes de varrimento e um modulador de gama para obter um campo uniforme lateralmente e espalhar o pico de Bragg (SOBP) em profundidade. A modelação do feixe é conseguida utilizando aberturas específicas para cada doente e compensadores de alcance. O desenvolvimento e a verificação do feixe de protões de varrimento pulsado de Uppsala também foram recentemente comunicados. Este sistema baseado no sincrociclotrão tem um segundo íman móvel de varrimento e utiliza a técnica de varrimento raster. A terapia de protões com varrimento discreto de feixes pontuais está agora a ser efectuada no Centro de Terapia de Protões do Centro de Cancro M.D. Anderson da Universidade do Texas, em Houston (PTC-H). O sistema de entrega PTC-H é um sistema de pontos discretos, que tem a capacidade de orientar magneticamente o feixe de protões ao longo de ambos os eixos para tamanhos de campo até 30 cm x 30 cm no isocentro. Este sistema de aplicação utiliza uma mudança rápida na energia do feixe de protões (94 energias diferentes no total, 64 energias em qualquer campo), o que permite a aplicação de doses até 30,6 cm em água e permite a repintura dos pontos, conforme necessário. Os tratamentos podem ser efectuados sem a utilização de deslocadores de gama e/ou movimentos da marquesa.

O RPC dispõe de vários fantomas da pélvis designados para utilização em auditorias independentes de tratamentos de IMRT de fotões . O poder de paragem relativo de cada material é utilizado para construir o fantoma, a fim de verificar a equivalência tecidular dos materiais. O PTCH está equipado com um sincrotrão Hitachi (Hitachi America, Ltd, Tarrytown, NY) que fornece feixes de protões a quatro salas de tratamento. Três das salas estão equipadas com um sistema de distribuição de feixes de protões passivamente dispersos e uma está equipada com um sistema de distribuição por varrimento pontual. O sincrotrão foi configurado para produzir 94 energias de feixe diferentes para efeitos de varrimento pontual. Cada uma das energias de feixe exige um derrame diferente do feixe do sincrotrão. O tempo máximo de cada projeção é de 4,4 segundos. Depois de cada descarga, o feixe no sincrotrão é acelerado até à sua energia máxima e depois desacelerado. O processo de desaceleração requer aproximadamente 1 segundo. O processo de aceleração recomeça até que os protões atinjam a energia necessária. O tempo entre derrames é de cerca de 2,1 segundos. Antes da extração do feixe do sincrotrão, a energia do feixe é verificada através da medição da frequência de rotação e da posição da órbita. A Hitachi determinou que a medição da posição da órbita do feixe no sincrotrão com uma precisão de ± 1 mm assegura a precisão da gama de protões inferior a 0,025 g/cm^2. A dose de saída do G3PB para este trabalho foi medida utilizando uma câmara PTW Markus (PTW, Freiburg, Alemanha) com um fator de calibração de dose absoluta. A câmara foi inserida num fantoma de plástico moldado bem ajustado e posicionada de modo a que o centro da câmara ficasse alinhado com o eixo central do campo [144-152].

4.12.1 Cálculo da potência de paragem relativa

A Equação 3.3 foi utilizada para medir as potências de paragem relativas de cada material utilizado no fantoma, em que Ax é a deslocação da curva da percentagem de dose em profundidade (PDD) quando o material alvo é colocado no percurso do feixe. A curva de referência foi obtida sem que nenhum material do fantoma fosse colocado no trajeto do feixe [153].

O poder de paragem relativo foi calculado como:

$$\text{Potência de paragem relativa} = 1 + \Delta x + \text{Largura do material} \quad (3.3)$$

Em que Δx é a deslocação entre dois exames na equação 3.3. Este procedimento foi repetido para cada material do fantoma.

4.12.2 Planeamento do tratamento e execução do tratamento

O objetivo do fantoma da pélvis é proporcionar um mecanismo de avaliação da garantia de qualidade de todo o processo de tratamento com protões. Com isto em mente, foram feitos todos os esforços para manter o planeamento do tratamento tão próximo quanto possível do plano do doente. O fantoma foi digitalizado com um scanner clínico GE CT (Computed Tomography) (GE Healthcare Technologies, Waukesha, WI) e a HU (Hounsfield Units) de cada material foi medida no sistema de planeamento do tratamento. O fantoma shell e a inserção de imagiologia foram ambos preenchidos com água à temperatura ambiente e foi feito um esforço especial para minimizar a captura de bolhas de ar dentro do fantoma. O inserto de dosimetria foi carregado com TLD e película para efeitos de imagiologia.

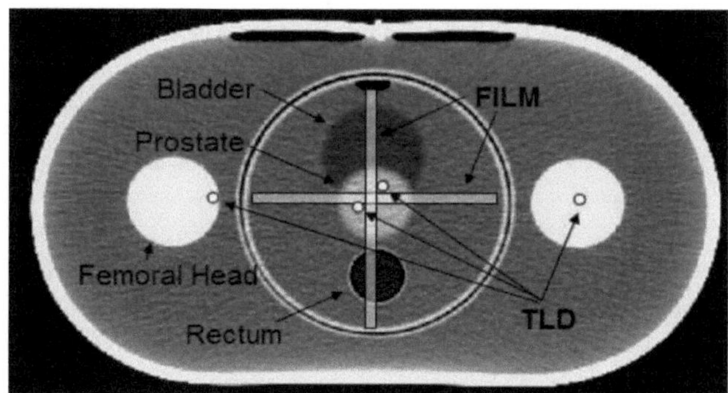

Figura 4-15: Corte axial de TC do fantoma da pélvis.

O fantoma foi colocado na mesa de TAC e as marcações a laser foram desenhadas nas superfícies laterais esquerda e direita, bem como na superfície anterior do fantoma, para referência durante a configuração da aplicação do tratamento, como se mostra na figura 3.16. Foram colocados marcadores radio-opacos (BBs) nas marcações a laser para localizar a posição do fantoma no TPS. O fantoma da pélvis foi examinado duas vezes num scanner de TC no PTCH, utilizando o protocolo pré-definido para o abdómen. No primeiro exame, o dispositivo de imagiologia foi colocado no fantoma e, no segundo exame, o dispositivo de dosimetria foi colocado no fantoma. O conjunto de imagens com o dispositivo de imagiologia foi utilizado para o plano de tratamento principal, uma vez que continha a anatomia necessária. A próstata, a bexiga, o reto e as cabeças femorais foram todos contornados separadamente, como se mostra na Figura 3.15. O dispositivo de dosimetria foi carregado com TLD e película para efeitos de imagiologia.

Figura 4-16: Vista lateral do Phantom da pélvis.

As imagens foram transferidas para o sistema de planeamento de tratamento Eclipse (Varian Medical Systems, Inc., Palo Alto, CA V 8.9.17). Foi gerado um plano de tratamento com feixes laterais esquerdo e direito que forneceram uma dose de prescrição de 6 Gy (RBE) [154] em pelo menos 95% do PTV (volume de tumor planeado), conforme apresentado na tabela 3.

Tabela 2 Doses nos órgãos em risco (OARs) previstas pelo sistema de planeamento do tratamento.

Órgão em risco	Não mais de 15% do volume recebe uma dose superior a	Não mais de 25% do volume recebe uma dose superior a	Não mais de 35% do volume recebe uma dose superior a	Não mais de 50% do volume recebe uma dose superior a
Bexiga Gy_{RBE}	6.7	6.3	6.0	5.7
Rectum Gy_{RBE}	6.3	6.0	5.7	5.0

Foram aplicadas restrições para atingir 98% da dose total na próstata (PTV) e a dose especificada no órgão normal, conforme prescrito na Tabela 1. A película GAFCHROMIC® EBT 2 e duas cápsulas de TLD foram colocadas na próstata (PTV) e outras duas foram colocadas nas cabeças femorais. Os filmes foram colocados no plano coronal e sagital através do centro da próstata. O alinhamento foi efectuado utilizando o laser e os sistemas de raios X para administrar a dose ao fantoma. As BBs foram fisicamente removidas do fantoma, enquanto as marcações do laser foram deixadas no local.

As BBs teriam adicionado material à trajetória do feixe e alterado o tratamento administrado em relação ao tratamento planeado.

4.12.3 Medição de curvas de dose de películas TLD e EBT

A película GAFCHROMIC®EBT2 (ISP Technologies, Wayne, NJ) foi digitalizada com um microdensitómetro CCD (Photoelectron Corporation North Billerica, MA) e o TLD pelo Harshaw (1000 Harvard Ave., Cleveland, OH) para medir uma dose absoluta em locais específicos. Na secção seguinte, afirmamos o seguinte: Estes dados foram analisados com um programa MATLAB (Homemade software by RPC). As películas GAFCHROMIC® EBT2 foram analisadas em vista sagital e coronal, como se mostra na Figura A_18, 19. A dose calibrada da película foi escalada em relação à dose calibrada do TLD para fornecer perfis bidimensionais nos planos sagital e coronal do fantoma.

4.12.4 Registo e análise de dados

Após o tratamento, o TLD e o filme foram analisados e registados de acordo com o plano de tratamento. O TLD foi lido duas semanas após a irradiação e registado através do software baseado em Matlab CERR, A computational Environment for Radiotherapy Research program (Washington University, St Louis, MO), utilizando pontos previamente definidos. O filme foi digitalizado com um microdensitómetro CCD e também registado no plano de tratamento no CERR. A dose da película foi escalada em relação à dose do TLD. Dois perfis em cada plano da película foram exportados para o Excel juntamente com os perfis correspondentes do plano de tratamento. A deslocação média entre a dose medida e a dose calculada foi medida para cada plano [155].

Estes dados foram armazenados numa folha de cálculo que foi recuperada ao registar a película num programa interno que complementa o CERR. Este software também incluía uma secção para colocar as medições do TLD e escalava automaticamente a dose da película para esses pontos. Os orifícios na película digitalizada foram cuidadosamente selecionados e depois carregados no CERR para registo com o TPS. Os perfis de dose da película foram comparados com o plano de tratamento para verificar a concordância da dose em redor da próstata. Os perfis foram obtidos através do centro do plano coronal, da esquerda para a direita e de cima para baixo. Os perfis sagitais passaram pelo centro do filme na direção Anterior/Posterior (AP/PA) e estavam descentrados 2 mm de superior para inferior. Isto deveu-se ao facto de a película sagital ter sido cortada no centro para intersectar a película coronal. Estes perfis de dose selecionados através da película e do TPS foram exportados para análise posterior.

CAPÍTULO 5

RESULTADOS

Existem diferentes formas de autenticar a otimização da dose, mas o fantoma antropomórfico é uma boa ferramenta para garantir a administração da dose. Foi efectuada uma análise para comparar o planeamento do tratamento com a medição independente através da película GAFCHROMIC® EBT2 e do dosímetro PRESAGE® para IMRT, mama parcial 3D e braquiterapia. Para a terapia de protões, foi utilizada a distribuição da dose do fantoma antropomórfico da próstata, a medição da dose GAFCHROMIC® EBT2 e o TLD para avaliar a aplicação do tratamento do feixe de varrimento pontual.

5.1 PRESAGE® e EBT2 Calibração de película

Foi determinado que a tomografia computorizada de planeamento do tratamento do dosímetro de mama PRESAGE® não produziu qualquer alteração na DO (densidade ótica) do dosímetro. A resposta radiocrómica foi linear com uma sensibilidade de 0,0059 de alteração da DO para um percurso de 1 cm, como se mostra na Figura 5.1.

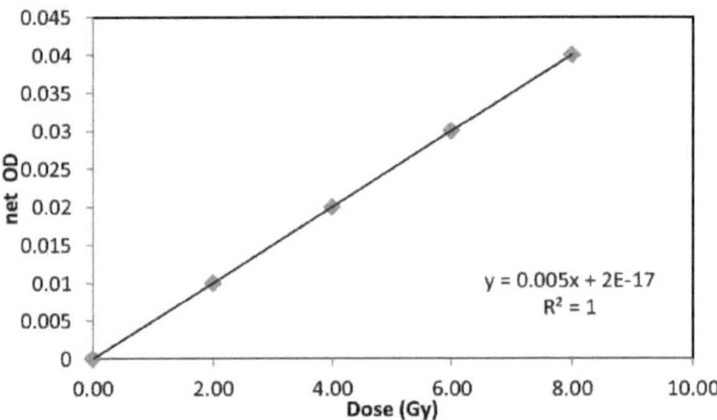

Figura 5-1: A curva de linearidade da dose do PRESAGE® .

No caso do PRESAGE® , a calibração para uma determinada dose pode ser obtida através da irradiação de pequenos volumes de PRESAGE® do mesmo lote [156]. A incerteza percentual do dosímetro PRESAGE® foi de 0,8%. No presente estudo, a dose dada no ponto de normalização no dosímetro PRESAGE® estava dentro da incerteza de calibração da dose planeada, conforme determinado a partir das medições da película. Concluímos, portanto, que a utilização do PRESAGE® como dosímetro relativo, normalizando para um ponto correspondente à região de isodose a 100% da distribuição da dose planeada no plano coronal e explorando a força da linearidade da resposta do PRESAGE® , não introduzirá qualquer limitação na análise dos dados e contornará o erro de efeito de volume demonstrado. A Figura 5.2 mostra que as incertezas das películas GAFCHORMIC® EBT2 foram de 1,8% para a dose de referência de 5Gy. As contribuições da uniformidade e reprodutibilidade imperfeitas para a incerteza da dose, bem como a contribuição da incerteza no ajuste da curva de resposta à dose foram consideradas inevitáveis.

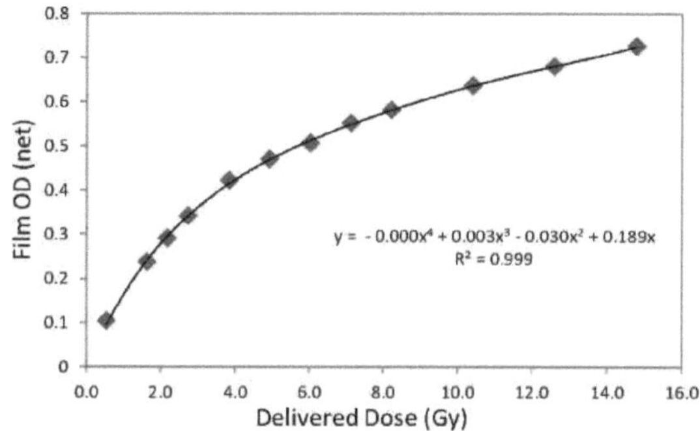

Figura 5-2: Curva OD/dose utilizada para as películas EBT2.

A contribuição do ruído na região de interesse utilizada para a medição da dose também foi considerada inevitável, tendo sido avaliada aqui como o desvio padrão médio numa região de interesse em todos os pedaços de película EBT2, todos eles expostos a 5 Gy. Os coeficientes de variação do PRESAGE® e da película EBT2 foram de 1,0% e 0,75%, respetivamente.

5.2 Verificações do plano de IMRT

As técnicas complexas de administração de dose, como a radioterapia de intensidade modulada IMRT, requerem a medição da dose em três dimensões para uma autenticação completa. Estudos anteriores demonstraram a viabilidade do sistema de tomografia computorizada ótica "PRESAGE® /optical computed tomography" para a verificação tridimensional de distribuições de dose de feixe aberto simples, quando o sistema de planeamento era reconhecidamente exato [157,158]. A distribuição de dose do plano de IMRT para 3 Gy foi mostrada na Figura A_6. O controlo de qualidade do IMRT realizado mostrou uma diferença de dose absoluta de 0,9% e 95% dos pontos de comparação passaram o critério de passagem gama de ±3% de ±3 mm, como mostrado na Figura A_1. A distribuição da dose no fantoma de QA na linha de dose iso foi apresentada na Figura A_2 e a lavagem a cores na Figura A_3. As comparações da análise do sinal nas dimensões x e y são apresentadas na Figura A_4, 5 para avaliar o plano real e o plano fornecido antes de irradiar o dosímetro PRESAGE® .

5.2.1 Histogramas de volume de dose do PTV

O presente trabalho alarga este esforço e apresenta a primeira aplicação do sistema PRESAGE® /optical-CT para a verificação de uma distribuição complexa de IMRT num fantoma antropomórfico. Um plano de IMRT de 5 campos altamente modulados foi aplicado a um dosímetro de mama PRESAGE® com 18 cm de diâmetro e 10 cm de altura, e a distribuição da dose foi lida utilizando um scanner DMOS-RPC.

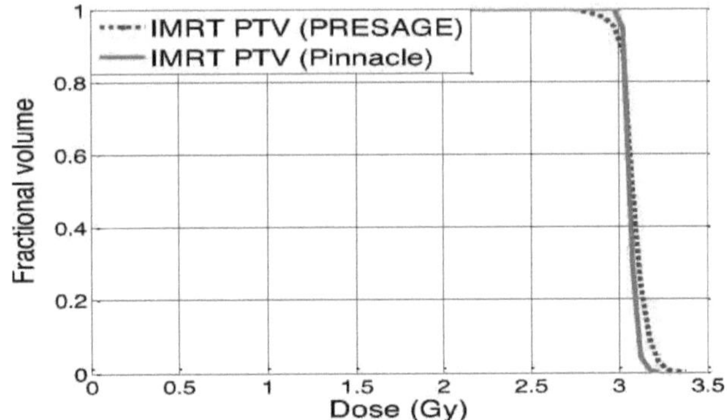

Figura 5-3: Comparações do histograma dose-volume do PTV entre o PRESAGE® e o Pinnacle³.

O tratamento IMRT do dosímetro cilíndrico PRESAGE™ decorreu de forma semelhante à de um doente real. Em primeiro lugar, foi efectuada uma TAC de raios X de planeamento do tratamento do dosímetro com o eixo cilíndrico paralelo ao eixo longo da mesa. Foram traçadas marcas isocêntricas em "cruz" no dosímetro para permitir o registo subseqüente das distribuições medidas e calculadas.

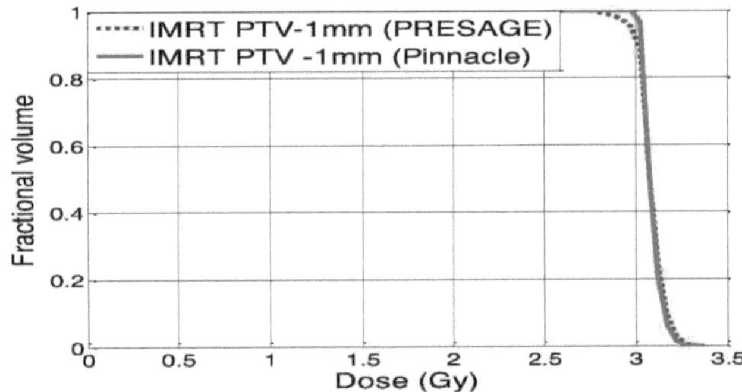

Figura 5-4: Comparações do histograma dose-volume do PTV-1mm entre o PRESAGE® e o Pinnacle³.

A maioria das falhas em todas as três comparações ocorre perto da extremidade do dosímetro, nos 3 mm exteriores. Nesta região desafiante, as doses das películas PRESAGE® e EBT2 são imprecisas devido a artefactos de borda e a dose Pinnacle³ também é suscetível de ser imprecisa devido à dificuldade em modelar a região de acumulação. Se este rebordo exterior de 3 mm for ignorado, a taxa de aprovação aumenta para 96% na comparação 3D do PRESAGE® com o Pinnacle³, o que representa uma concordância próxima para um plano tão complexo.

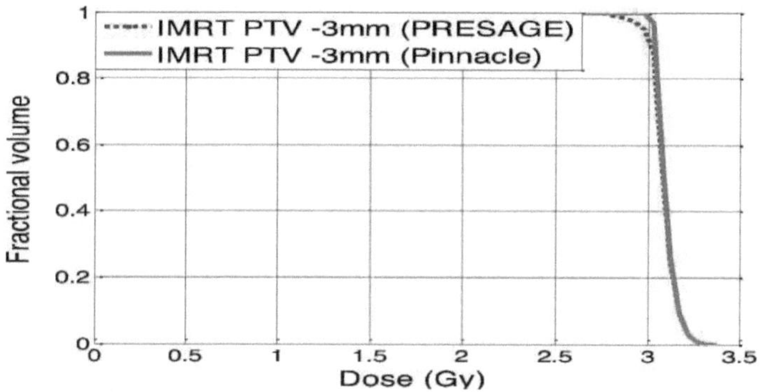

Figura 5-5: Comparações do histograma dose-volume do PTV-3mm entre o PRESAGE® e o Pinnacle³.

Os DVHs do PRESAGE® PTV indicam que a dose administrada foi ligeiramente menos homogénea do que a calculada pelo Pinnacle³, com pequenas regiões de sobredosagem e subdosagem relativas perto do bordo do fantoma da mama, como se mostra na figura 5.3.

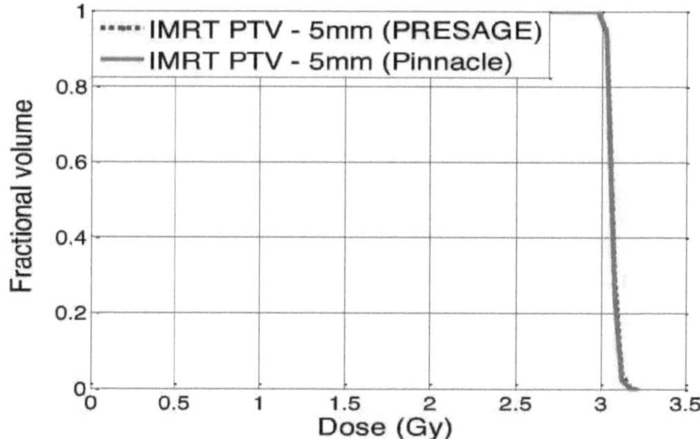

Figura 5-6: Comparações do histograma dose-volume do PTV-5mm entre o PRESAGE® e o Pinnacle³.

Para o PTV DVH, foi observada uma diferença máxima de dose de 5% a 5% e 95% do volume fraccionado. É provável que parte desta diferença seja real e que outra parte se deva a artefactos na distribuição do PRESAGE® . Os DVHs do subvolume do PTV apresentaram uma diferença máxima de dose de 3% e 2% para o PTV-1 mm e o PTV-3 mm, como se mostra na Figura 5.4, 5.5 e 5.6, respetivamente. O DVH do subvolume PTV-5 mm apresentou uma diferença de dose máxima de 1%. Para o plano IMRT de 5 Gy, foram efectuados estudos com o mesmo comportamento, como se mostra nas figuras A_7, 8,9,10.

5.2.2 DVHs da mama e pulmão Evitar

A Figura 5.7 (A, B) ilustra as comparações do DVH do pulmão e da mama entre o Pinnacle³ e o PRESAGE® . A curva do DVH de evitamento do pulmão mostra que o PRESAGE® sobrestima o

DVH, tal como previsto pelo Pinnacle³, com uma diferença máxima de 10%. As investigações preliminares sugerem que a causa pode ser um artefacto de reflexão da luz da superfície plana inferior do dosímetro. Para o plano de IMRT de 5 Gy, foi registada uma diferença máxima de 11% para o OAR e o corpo da mama, como se mostra na figura A_11, 12.

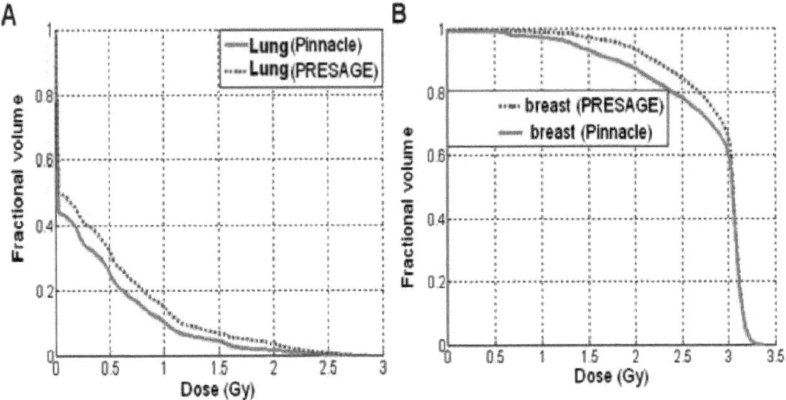

Figura 5-7: Comparações do histograma Dose-Volume do pulmão (órgão em risco) (A) e do corpo da mama (B) entre o PRESAGE® e o Pinnacle³.

5.2.3 Perfis da linha Isodose

Foram efectuadas comparações de perfis de linha do dosímetro da mama entre Pinnacle³, filme EBT2 e PRESAGE®. Em geral, os gráficos de linhas mostram uma concordância entre as três distribuições, com uma diferença máxima de 5% para 3 Gy e 5,4% para 5 Gy, como se mostra na Figura 5.8 (A, B, C) e na Figura A_13, A_14. No entanto, não são visíveis quaisquer tendências sistemáticas e é impossível indicar se as distribuições PRESAGE® ou EBT2 estão mais de acordo com a distribuição Pinnacle³. As diferenças parecem ser maiores na periferia da mama, como demonstram os três gráficos.

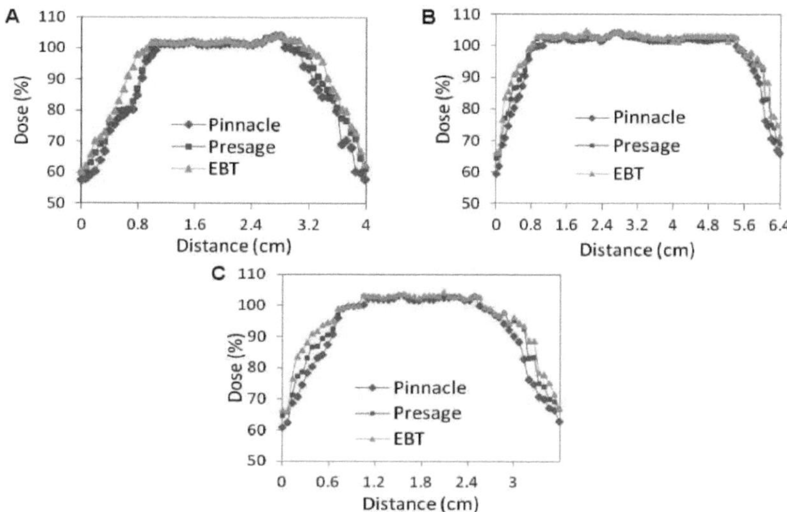

Figura 5-8: Perfis de linha das distribuições de dose do Pinnacle³, PRESAGE® e EBT2film a partir dos cortes axiais (A, B, C).

As comparações do perfil da linha produziram uma diferença máxima entre as três distribuições de 2% dentro dos 80% centrais da largura do campo. Outro aspeto a considerar é que as duas distribuições medidas EBT2 e PRESAGE® correspondem, de facto, a duas aplicações independentes do mesmo plano de tratamento. Qualquer variação na mecânica da aplicação também contribuiria para as diferenças na distribuição medida.

5.2.4 Comparações de mapas gama

Foram efectuadas comparações de mapas gama entre o Pinnacle³, o EBT2 e o PRESAGE®. As taxas de aprovação para as comparações gama 2D axiais na Figura 5.9 e na Figura A_15 (±3%/±2 mm) do EBT2 em relação ao PRESAGE® , do PRESAGE® em relação ao Pinnacle³ e do EBT2 em relação ao Pinnacle³ foram de 88,4%, 90,6% e 91,2%, respetivamente. A maioria das falhas nas três comparações ocorre perto da extremidade do dosímetro, na pele exterior de 8 mm do PRESAGE® . Nesta região, é provável que as doses do PRESAGE® sejam imprecisas devido a artefactos de borda e a dose do Pinnacle³ pode ser imprecisa devido à dificuldade em modelar a região de acumulação. Se esta casca exterior de 8 mm for ignorada, a taxa de aprovação aumenta para 95% para as comparações 2D do PRESAGE® com o Pinnacle³.

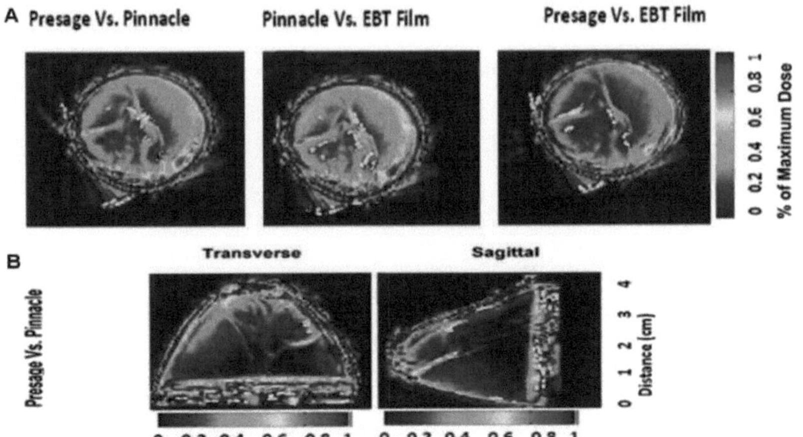

Figura 5-9: Mapas gama (±3%/±3mm) entre Pinnacle³, EBT2 e PRESAGE® para uma região de PTV-5 mm no plano da película B, conforme ilustrado na Figura 3. (B) Distribuições gama de PRESAGE® e Pinnacle³ (±3%/±3mm) nos planos transversal e sagital para o plano da película que intersecta PTV-5 mm.

5.3 Verificações do plano de tratamento parcial da mama em 3D

Existe uma necessidade premente de um material de dosimetria robusto e conveniente que permita uma medição 3D exacta de distribuições de dose complexas. Relativamente à investigação anterior publicada sobre dosimetria em gel, os presentes estudos das propriedades de um novo dosímetro PRESAGE® são surpreendentes, na medida em que se conseguiu uma resposta à dose repetível, estável e sensível num material que esteve exposto durante muito tempo à atmosfera, não tinha um recipiente de proteção especial e estava num ambiente laboratorial normal. Os resultados deste estudo apoiam a conclusão de que o PRESAGE® é um dosímetro 3D clínico prático e robusto. As caraterísticas de grande volume do PRESAGE® terão de ser investigadas mais aprofundadamente para avaliar a sua viabilidade na verificação da dose para técnicas de radioterapia 3D, incluindo IMRT, braquiterapia e radiocirurgia. A distribuição de dose do plano parcial da mama foi mostrada na figura A_ 16.

5.3.1 Histograma de volume de dose

Foi determinado que a dose de raios X de TC não produziu qualquer alteração na DO do dosímetro de mama PRESAGE® . A Figura 5.10 ilustra a comparação do GTV DVH do plano de três campos da mama entre o PRESAGE® e o Pinnacle³.

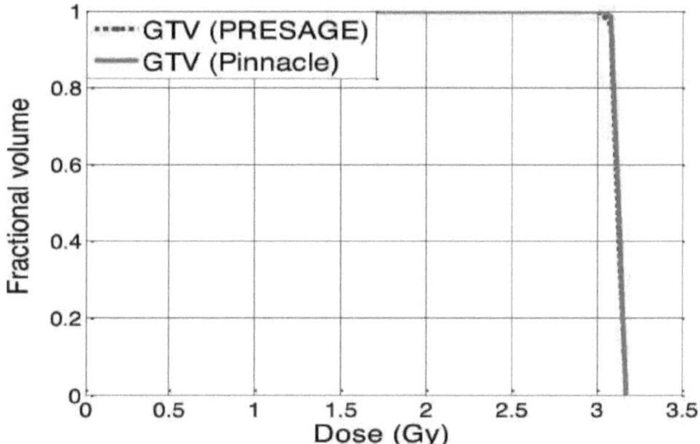

Figura 5-10: Histograma de volume de dose da comparação do GTV entre as distribuições de dose do planeamento PRESAGE® e Pinnacle³.

A principal vantagem do sistema PRESAGE® /optical-CT é o facto de poder produzir uma verdadeira dosimetria 3D, o que é realçado no DVH do GTV. Uma vez que os dados do filme EBT2 apenas existiam em três planos, os gráficos DVH são apenas entre as distribuições de dose do PRESAGE® e do Pinnacle³. Para o GTV DVH, foi observada uma diferença máxima de dose de 0,8%. É provável que parte desta diferença seja real e que outra parte se deva a artefactos na distribuição do PRESAGE® . Uma interpretação mais aprofundada do significado dessas diferenças pode ser elucidada por meio de várias entregas.

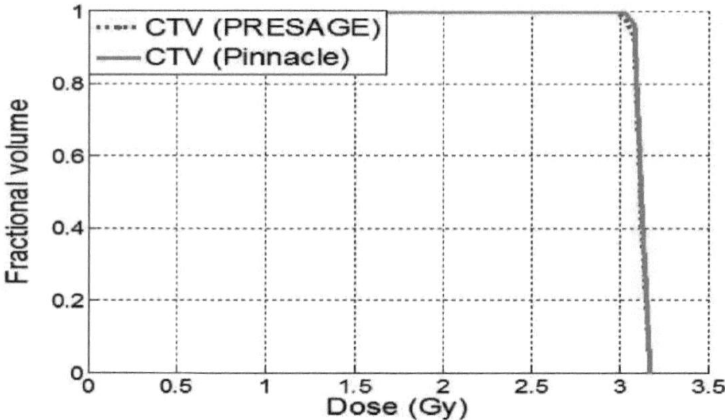

Figura 5-11: Histograma de volume de dose da comparação CTV entre as distribuições de dose do planeamento PRESAGE® e Pinnacle³.

A curva CTV DVH é fácil de diferenciar, tendo sido observada uma diferença de dose máxima de 1,5% entre o dosímetro PRESAGE® e o planeamento do tratamento Pinnacle³, como se mostra na figura 5.11.

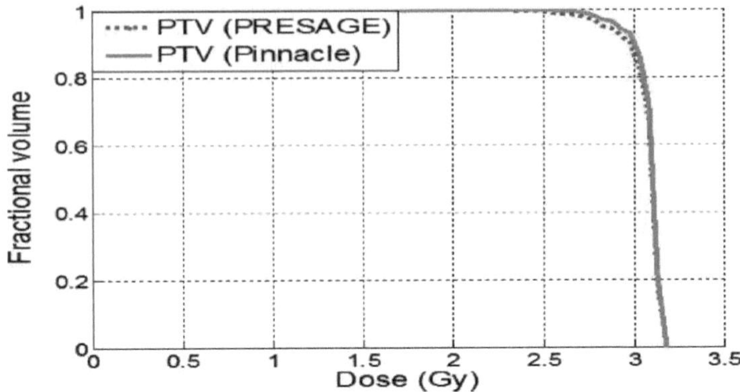

Figura 5-12: Histograma de volume de dose da comparação do PTV entre as distribuições de dose do planeamento PRESAGE® e Pinnacle³.

A Figura 5.12 é o DVH do RESAGE® PTV, que indica que a dose administrada foi ligeiramente menos homogénea do que a calculada pelo Pinnacle³, cerca de 2,2% no máximo, com pequenas regiões de sobre e sub-dose relativa perto do bordo do fantoma da mama. É provável que parte desta diferença seja real e que outra parte se deva a artefactos na distribuição do PRESAG ®

5.3.2 Perfis da linha Isodose

A Figura 5.13 apresenta as medições de dose 2D independentes em planos selecionados que foram efectuadas pela película EBT Gafchromic® , de modo a facilitar a resolução de quaisquer discrepâncias entre as distribuições PRESAGE® / optical-CT e Pinnacle³. É possível obter uma dosimetria exacta desde que os exames sejam adquiridos com uma metodologia consistente, incluindo a orientação, o posicionamento e o tempo. Foram traçados perfis de linha para os cálculos de planeamento do tratamento Pinnacle³, para o dosímetro PRESAGE® e para as medições da película EBT2 GAFCHROMIC® . Em geral, os dois conjuntos de traçados de linhas de isodose mostram concordância entre as três distribuições, com uma diferença máxima de 1,5%. A distribuição Pinnacle³ é mais suave, com menos ruído, do que qualquer uma das distribuições medidas.

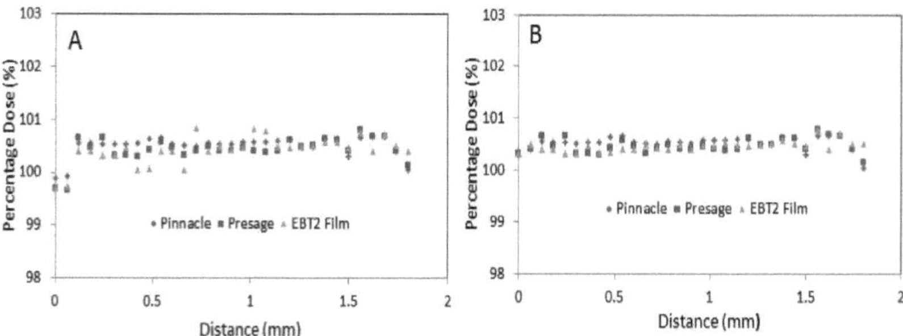

Figura 5-13: Perfis de linha das distribuições de dose dos filmes Pinnacle³, PRESAGE® e EBT2 de um corte axial (A, B).

5.3.3 Comparação de mapas gama

As comparações gama da medição da dose do PRESAGE® / optical-CT estão de acordo com a medição da dose da película EBT2 e com o cálculo da dose do plano de tratamento Pinnacle³ dentro do critério de ±5% de ±3 mm. A taxa de aprovação gama para a comparação 2D entre as distribuições de dose do PRESAGE® e do Pinnacle³ foi de 95%, como se mostra na Figura 5.14. As taxas de aprovação para as comparações gama 2D axiais do EBT2 com o PRESAGE®, do PRESAGE® com o Pinnacle³ e do EBT2 com o Pinnacle³ foram de 98,2%, 97,8% e 96,8%, respetivamente. A vantagem do sistema PRESAGE® /optical-CT é o facto de poder produzir dosimetria 3D, o que é realçado nos mapas gama e nos gráficos de histogramas de volume de dose.

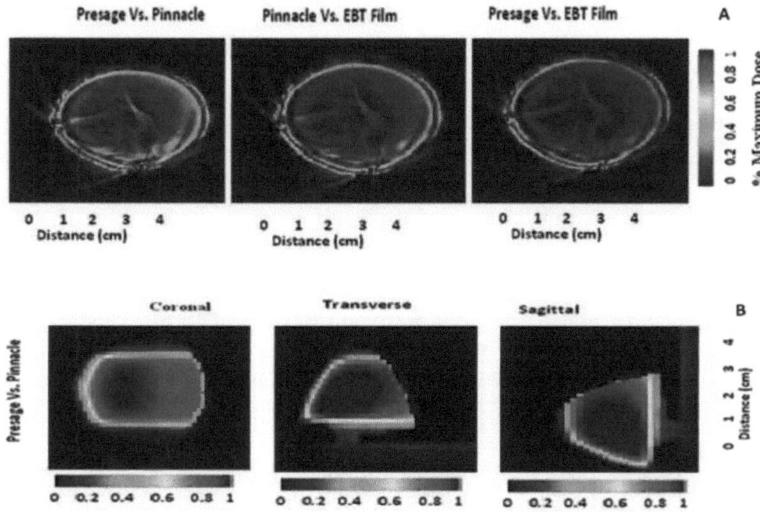

Figura 5-14: Mapas gama 95% / ±5%- ±3mm no plano axial apresentado na figura 8. (A) Distribuições gama para os três sistemas. Mais de 95% dos pontos de comparação passaram o critério de ±5% de ±3 mm entre as três distribuições. (B) Distribuições gama do PRESAGE® e do Pinnacle³ em três planos ortogonais.

5.4 Plano de braquiterapia Verificação

A braquiterapia é um método de tratamento em que são utilizadas fontes radioactivas seladas para administrar radiação a uma curta distância através da aplicação intersticial, intracavitária ou superficial. Com este modo de terapia, uma dose elevada de radiação pode ser administrada localmente ao tumor com uma rápida redução da dose no tecido normal circundante. No passado, a braquiterapia era efectuada principalmente com fontes de rádio ou de radão. Atualmente, a utilização de radionuclídeos produzidos artificialmente, tais como ^{137}Cs, ^{192}Ir, ^{198}Au, ^{125}I e ^{103}Pd, está a aumentar rapidamente. Novos desenvolvimentos técnicos estimularam um interesse crescente na braquiterapia, como a introdução de isótopos artificiais, dispositivos de pós-carregamento para reduzir a exposição do pessoal e dispositivos automáticos com controlo remoto para fornecer uma exposição controlada à radiação a partir de fontes de atividade elevada [159-168]. Foram administrados 2Gy ao dosímetro utilizando a unidade de braquiterapia Nucletron HDR (Elekta Ltd, Crawley, Reino Unido). A distribuição da dose foi também apresentada em três dimensões, como mostra a figura A_16.

5.4.1 Dose cutânea

Foram efectuadas diferenças de dose na pele entre o dosímetro PRESAGE® , o sistema de planeamento do tratamento Oncentra® e as películas EBT2. O plano de tratamento Oncentra® prevê uma dose mais elevada do que a película EBT2 e o PRESAGE® com diferenças médias de 0,97% e 3,54%, como se mostra na Figura 5.15 (A,B), respetivamente.

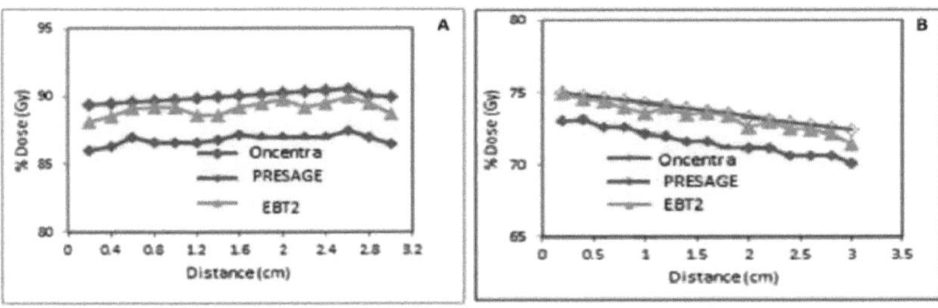

Figura 5-15: Comparação das doses cutâneas pontuais calculadas e medidas para PRESAGE® , Oncentra® Brachy Planning TPS e película EBT2 GAFCHROMIC® .

Tabela 3 Diferenças pontuais de dose na pele entre PRESAGE®, Oncentra® e EBT2.

		Diferença média (%)	Diferença mediana (%)	%Diferença máxima	Desvio ST (%)
Oncentra® vs. PRESAGE®	Filme 1	3.54	3.56	4.5%	0.070
	Filme 2	2.85	2.84	3.8%	0.097
Oncentra® vs.	Filme 1	0.97	1.51	2.42%	0.37

EBT2	Filme 2	0.53	0.57	1.15%	0.66

É muito difícil calcular a dose íngreme fiável à superfície porque a dose depende da TAC e dos parâmetros da grelha de cálculo, a interação entre o tamanho do pixel, a localização do pixel, a localização exacta do fantoma (ou doente) e a definição do contorno pode ter um efeito importante nas doses calculadas. Esta conclusão pode ser particularmente verdadeira no caso de fantomas planos, nos quais não existe a possibilidade de calcular a média dos efeitos. A diferença máxima de dose de ambas as películas foi de 4,5% entre o sistema de planeamento do tratamento Oncentra® e o dosímetro PRESAGE® e de 2,42% entre o Oncentra® e a película EBT2. As diferenças percentuais médias da dose na pele para a película 1 e a película 2 foram de 3,54 e 2,85 com um desvio padrão de 0,07 e 0,097 entre o Oncentra® e o PRESAGE®. A diferença média da Oncentra® e da EBT2 entre a película 1 e a película 2 foi de 0,97 e 0,53, com um desvio padrão de 0,37 e 0,66, respetivamente, como se mostra na Tabela 4.

5.4.2 Perfis da linha Isodose

Os gráficos de linhas de isodose mostram uma concordância de distribuição de dose > 95% entre as três distribuições, com uma diferença máxima de 4,06%, incluindo artefactos de borda. A distribuição da Oncentra® é mais suave, com menos ruído do que qualquer uma das distribuições de dose medidas, como esperado. Podem distinguir-se algumas diferenças relativamente pequenas entre as distribuições, mas as tendências sistemáticas não são imediatamente aparentes e não é possível afirmar se a distribuição Oncentra® está mais de acordo com uma ou outra das distribuições medidas. Ambas as distribuições medidas parecem apresentar uma discrepância em relação à distribuição da Oncentra® perto da extremidade do dosímetro. Um exemplo é o perfil de linha nos bordos de três gráficos, como se mostra na Figura 5.16 (A, B).

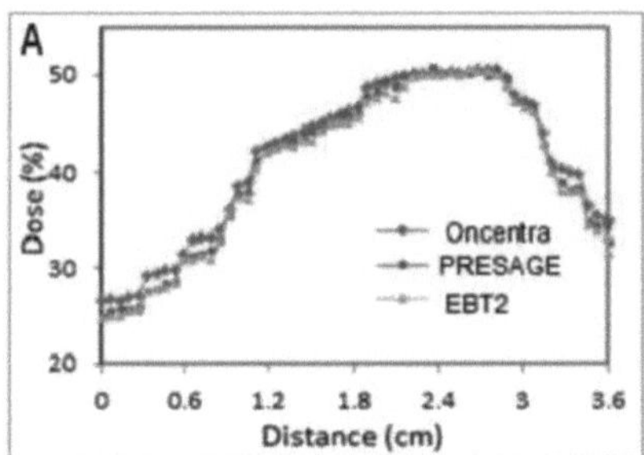

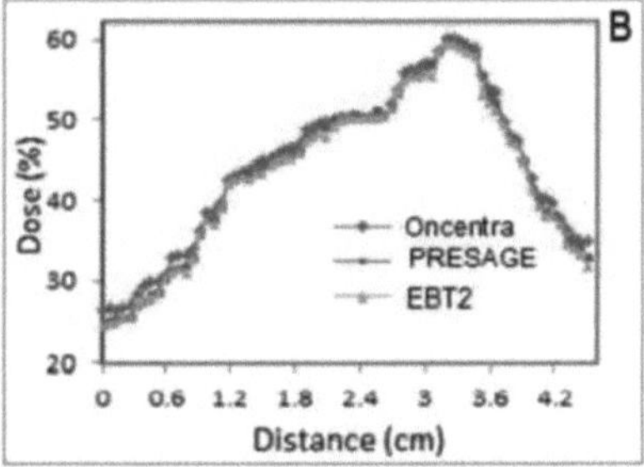

Figura 5-16: Perfis de linha das distribuições de dose dos filmes Oncentra®, PRESAGE® e EBT2 do corte axial apresentado na Figura 5 (A, B, C).

A comparação do perfil de linha produziu uma concordância de 98% na distribuição da dose dentro dos 90% centrais do dosímetro entre a dose calculada e a dose medida. Em geral, não foram detectadas tendências consistentes ou sistemáticas e as distribuições de dose pareceram ser 98% semelhantes, com discrepâncias atribuídas a um limite de 3%.

Tabela 4 Comparação do perfil de linha entre Oncentra®, PRESAGE® e a película EBT2.

		Média (%)	Mediana (%)	Diferença máxima (%)	Desvio ST (%)
Oncentra® Vs. PRESAGE®	Filme 1	2.25	1.56	2.84	0.81
	Filme 2	1.80	1.71	2.12	0.93
Oncentra® Vs. EBT2	Filme 1	3.31	2.63	4.06	0.69
	Filme 2	2.82	2.59	3.42	0.68

A diferença máxima da dose do perfil de linha de ambas as películas foi de 2,84% entre o sistema de planeamento do tratamento Oncentra® e o dosímetro PRESAGE® e de 4,06% entre o Oncentra® e a película EBT2. As diferenças percentuais médias do perfil de dose linear da película 1 e da película 2 foram de 2,25% e 1,80%, com um desvio padrão de 0,81 e 0,93 entre o Oncentra® e o PRESAGE®. As diferenças médias percentuais da Oncentra® e da EBT2 entre a película 1 e a película 2 foram de 3,31% e 2,82%, com um desvio padrão de 0,69 e 0,68, respetivamente, como se mostra na Tabela 5.

5.4.3 DVHs da pele e PTV_EVAL

A Figura 5.17 (A) ilustra as comparações de DVH entre o PRESAGE® e o Oncentra® para a pele e o PTV_EVAL (PTV_ Evaluation). A Figura 5.17 (A, B) mostra que houve uma diferença de 4% na distribuição da dose máxima entre o PRESAGE® e o Oncentra® para o PTV_EVAL. A comparação do DVH mostra que houve uma diferença máxima de 6% na distribuição da dose entre o dosímetro PRESAGE® e o Oncentra®. Investigações preliminares sugerem que a causa pode ser um artefacto de reflexão da luz laser da parte inferior da parte superior e inferior do dosímetro.

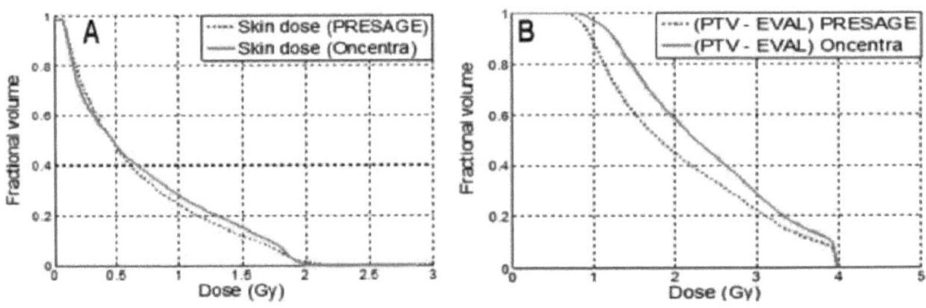

Figura 5-17: Comparações de DVH entre as distribuições de dose do PRESAGE® e do Oncentra® Brachy Planning® para (A) pele e (B) PTV_EVAL.

Tabela 5 Parâmetros PTV_EVAL DVH para Oncentra® e PRESAGE®.

PTV_EVAL	V90 (%)	V95 (%)	V100 (%)	V150 (cc)	V200 (cc)
Oncentra	99%	97%	95%	34,4 cc	17,6 cc
PRESAGEM®	97%	95%	93.5%	33,7 cc	14,3 cc

O PTV_Eval V_{90}% e $V_{95\%}$ do PRESAGE® e do Oncentra® foi de 97%, 95% e 99%, 97%, respetivamente (V_{95} é o volume que recebe 95% da dose prescrita ou mais). Os V_{150} e V_{200} do PTV_EVAL estavam muito abaixo dos objectivos de otimização de $V_{(150)}$<50 cc e $V_{(200)}$<20 cc do volume absoluto. Além disso, a dose máxima percentual de pele dos pacientes foi de 74%-89% (dose máxima de 0,1 cc) da dose prescrita, conforme mostrado na Tabela 6.

5.4.4 DVHs de tecido mamário normal

As comparações de DVH entre o PRESAGE® e o Oncentra para tecido mamário normal e subvolumes de tecido mamário normal mostram que existem regiões que apresentam diferenças com o Oncentra® perto do bordo do dosímetro. Apesar destas diferenças, a concordância entre o PRESAGE® e a distribuição calculada a partir do Oncentra® permanece a mesma.

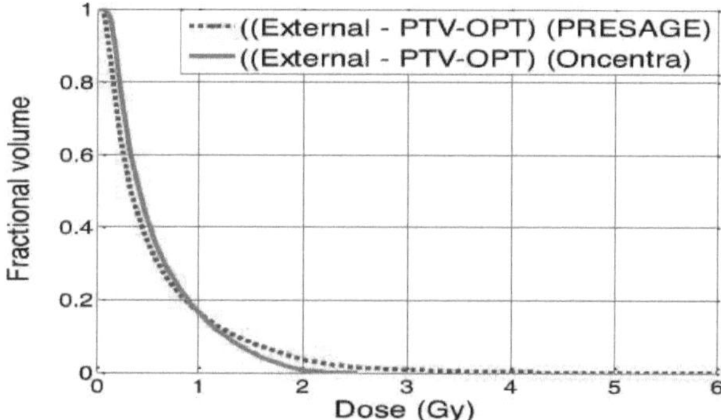

Figura 5-18: Comparações de histogramas de dose-volume entre as distribuições de dose do PRESAGE® e do Oncentra® Brachy Planning para External-(PTV_OPT).

A curva External - PTV_OPT DVH indica que a dose administrada foi ligeiramente menos homogénea do que a calculada pelo Oncentra® , com pequenas regiões de sobre e sub-dose relativa que ocorrem perto das extremidades do dosímetro. Para o External - PTV_OPT, observou-se uma diferença máxima de dose de 4% devido ao artefacto de borda nas extremidades superior e inferior do volume, como se mostra na Figura 5.18.

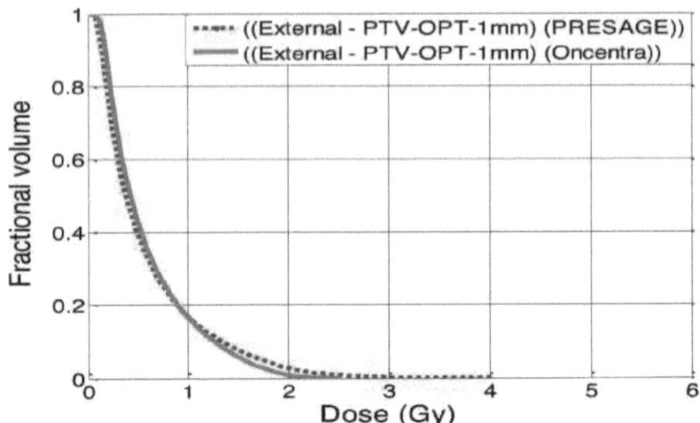

Figura 5-19: Comparações de histogramas de dose-volume entre as distribuições de dose do PRESAGE® e do Oncentra® Brachy Planning para External-(PTV_OPT)-3mm.

É provável que parte desta diferença seja real e que outra parte se deva a artefactos na distribuição do PRESAGE® . Uma interpretação mais aprofundada do significado destas diferenças pode ser elucidada através de múltiplas entregas, o que está para além do âmbito deste estudo.

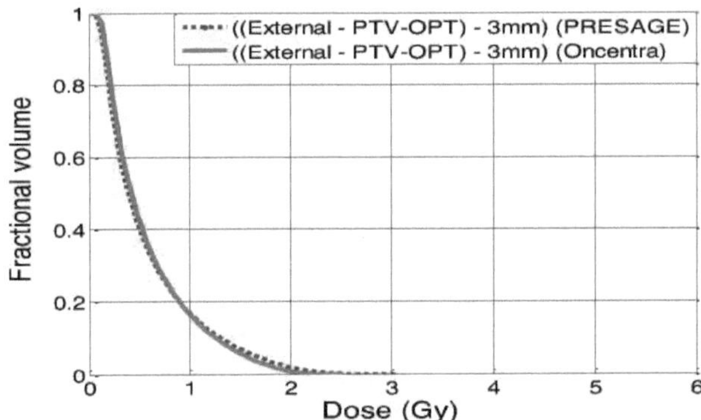

Figura 5-20: Comparações de histogramas de dose-volume entre as distribuições de dose do PRESAGE® e do Oncentra® Brachy Planning para External-(PTV_OPT)-3mm.

Os DVHs dos subvolumes do tecido mamário normal mostram que existem alguns artefactos de borda, como se mostra na Figura 4.19, com diferenças máximas de 3,2% para subvolumes de 1 mm, tal como muitos estudos relataram anteriormente. O DVH do subvolume de tecido mamário normal_3mm mostrou uma excelente concordância entre o PRESAGE® e o Oncentra® brachy, com uma diferença máxima de 1,5%, como se mostra na Figura 5.20.

5.5 Resultados da terapia de protões

O varrimento de feixes pontuais de protões, com a sua capacidade de fornecer uma terapia de protões com intensidade modulada (IMPT), é uma tecnologia em rápido desenvolvimento. Os feixes de protões de varrimento oferecem uma melhor conformação da dose, sem necessidade de colimadores e compensadores, e possivelmente uma menor contaminação por neutrões em comparação com a técnica de feixes de dispersão passiva. Os feixes de protões de varrimento podem ser administrados utilizando diferentes abordagens, incluindo o varrimento dinâmico de pontos, o varrimento raster e o varrimento discreto de pontos [27].

5.5.1 Comparação da potência de paragem

As potências de paragem foram comparadas com os valores da literatura e com a curva de calibração de unidades Hounsfield (HU) para o Eclipse TPS, como se mostra na Figura 5.21. As potências de paragem medidas eram todas inferiores a 5% de diferença em relação aos valores correspondentes da literatura. Por esta razão, as potências de paragem medidas foram consideradas válidas, uma vez que as diferenças na composição e densidade do material poderiam explicar as diferenças nas potências de paragem [169].

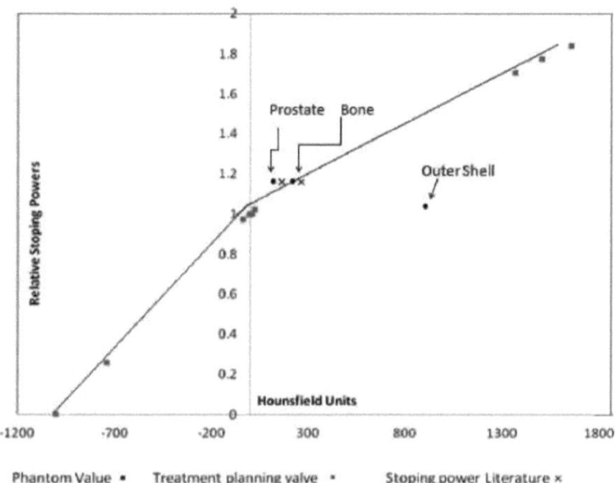

Figura 5-21: Compressão da potência de paragem relativa.

5.5.2 Curva de calibração da película EBT2 e do TLD

A película Gafchromic® EBT2 é o tipo de película preferido para irradiações de fantomas, uma vez que recolhe de forma fiável uma grande quantidade de informação e não necessita de processamento húmido. Uma vez que este tipo de película não é sensível à luz ambiente, pode ser cortada em pedaços mais pequenos que são moldados para se adaptarem ao fantoma. A curva de calibração da película foi utilizada para a calibração da película irradiada, como se mostra na Figura 5.22 (A).

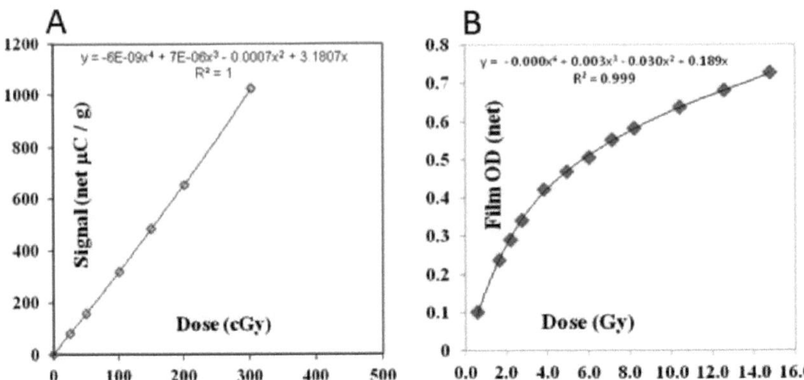

Figura 5-22: Curva de calibração da dose de TLD (A) e calibração da película GAFCHROMIC EBT2 (B)

Os TLD foram lidos sete dias após a irradiação para reduzir os efeitos do desvanecimento nos cálculos da dose. Cada cápsula de TLD continha 2 alíquotas de TLD. Os TLD medidos foram comparados com os dados do feixe medidos com a utilização de ambos os insertos. A curva de calibração da Figura 5.22 (B) foi utilizada para converter o sinal em dose. A tomografia computorizada do fantoma que segura o inserto de imagiologia foi utilizada para criar o plano de tratamento e estes feixes e pontos de dose foram colocados no conjunto de imagens do inserto de dosimetria . Esperava-se que a alteração da curva de calibração do TPS para ter em conta as potências de paragem reais dos materiais que compõem o fantoma da pélvis melhorasse a comparação da dose, uma vez que proporcionaria um cálculo mais exato pelo TPS. O TPS foi utilizado para gerar um plano de cálculo da dose utilizando os parâmetros. A dose foi calculada com os feixes colocados tanto no inserto de imagiologia como novamente com os feixes colocados no inserto de dosimetria. Para obter a dose física de 6 Gy no alvo, a dose biológica para o fantoma foi igual a 6,6 cGy RBE [154]. É conveniente irradiar o simulador TLD e a película para uma dose alvo de 6 Gy. A administração da dose tem de ser cuidadosamente documentada para estimar corretamente a dose administrada ao TLD. A distribuição da dose da terapia de protões e o histograma do volume da dose são apresentados nas figuras A_28 e 29, respetivamente.

5.5.3 Comparação do perfil de dose

Os perfis de dose da película foram traçados juntamente com os perfis obtidos do TPS para comparar os perfis de dose fornecidos durante o tratamento. As regiões de queda ao longo do bordo dos perfis de dose foram caracterizadas por uma regressão linear dos níveis de dose de 80% a 20%. A deslocação média é de -4,0 mm no lado esquerdo e de 4,0 mm no lado direito, como se mostra na figura 5.23.

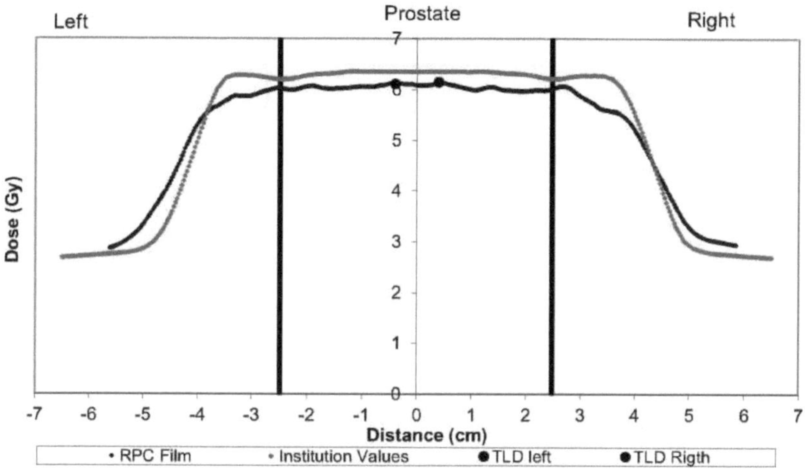

Figure 5-23: Left / Right Profile-Coronal Plane.

A média destas deslocações foi considerada como a deslocação total entre os perfis. O perfil esquerdo/direito apresentou uma deslocação inferior a 5 mm. Os bordos dos perfis de dose correspondem à extremidade distal do alcance do feixe de protões nesta vista.

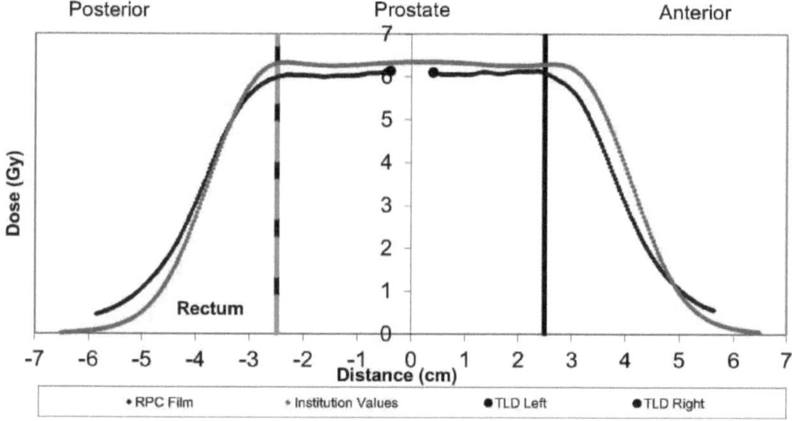

Figura 5-24: Perfil posterior/anterior - plano sagital.

O perfil de dose posterior/anterior do filme sagital foi apresentado na Figura 5.24. Para este plano, o deslocamento foi de 3 mm, com boa concordância ao longo de todo o perfil. Note-se que faltam dados no centro do filme devido ao facto de o filme ter sido cortado para intersectar com o filme coronal.

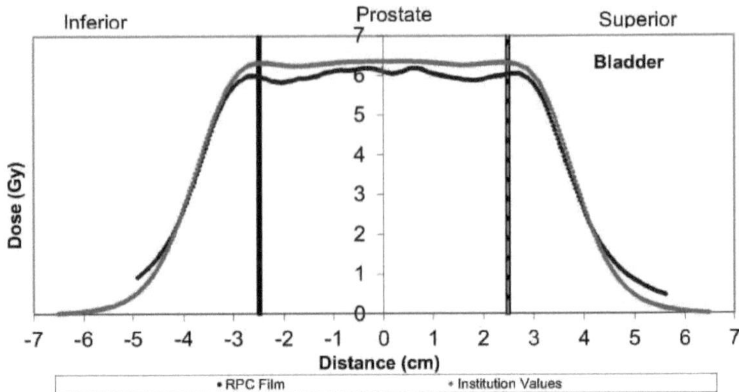

Figura 5-25: Perfil inferior/superior - Plano coronal.

Foi obtido um perfil de dose inferior/superior a partir das películas coronal e sagital, conforme apresentado na Figura 5.25 e na Figura 5.26, respetivamente. A deslocação para cada perfil é inferior a 5 mm. Um erro de configuração de 1 mm devido ao alinhamento do laser do fantoma pode ter contribuído para a deslocação.

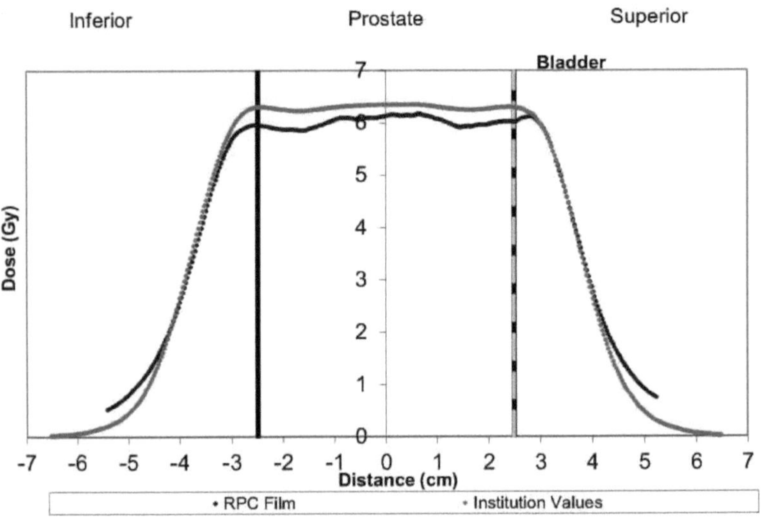

Figure 5-26: Inferior/Superior Profile-Sagittal plane.

Os lasers no PTCH são calibrados apenas com o gantry a 270° e não são normalmente utilizados para a preparação do doente. A anatomia óssea é utilizada para verificar a preparação do doente por um sistema de imagiologia de raios X a bordo. Quando o fantoma está na mesa de tratamento, a única anatomia que poderia ser utilizada para localização seria a dos materiais da cabeça femoral, que são dois cilindros simétricos. A preocupação de que isto não forneceria os pontos de referência necessários para posicionar adequadamente o fantoma levou à utilização das marcações a laser da tomografia computorizada. A película é cuidadosamente digitalizada para minimizar o erro de registo, mas existe uma pequena diferença entre o registo superior/inferior das películas coronal e sagital. Por estas razões, uma pequena diferença nos perfis superior/inferior entre as duas películas é de ±3%.

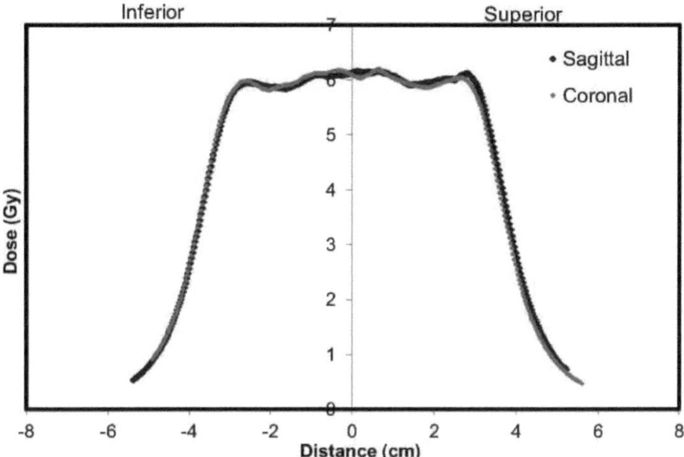

Figura 5-27: Comparação inferior/superior do plano sagital e coronal.

A comparação inferior/superior dos planos sagital e coronal na Figura 5.27 mostra que ambos estão muito próximos um do outro, com uma diferença máxima de 2%. A deslocação média é de 2 mm de diferença entre o plano sagital e o coronal.

5.5.4 Comparação de gama

Mais de 95% dos pontos de comparação para o filme EBT2 passaram o critério de ±7%/±4 mm. A análise do mapa gama para os planos coronal e sagital é apresentada na Figura 5.28 (A, B).

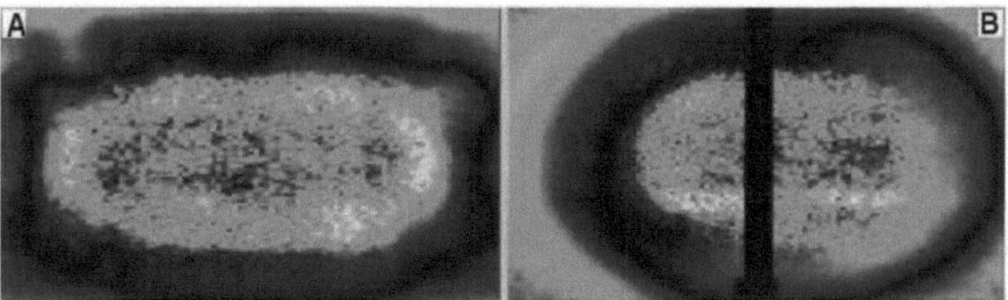

Figura 5-28: Mapa de análise gama da película GAFCHROMIC EBT2 para os planos coronal e sagital. A análise gama sagital mostra que a lacuna no centro deve-se ao facto de a película ter sido cortada em duas partes. A comparação gama da película sagital e coronal confirmou a concordância de > 95% dos pontos dentro do critério de ±7%/±4 mm.

A área na película coronal que foi utilizada para a análise gama e os artefactos foram mascarados e não estão incluídos na análise gama, como se mostra na Figura A_20. . A área correspondente no plano coronal do sistema de planeamento do tratamento também foi mostrada na Figura A_21. O resultado da análise gama coronal (escala de cores) apresentado na Figura A_22 e o resultado da análise gama coronal (binária), em que as áreas verdes são localizações que não cumprem os critérios, conforme apresentado na Figura A_23. A área da película sagital que foi utilizada para a análise gama e os artefactos foram mascarados e não estão incluídos na análise gama , como se mostra na Figura A_24. A área correspondente no plano sagital do sistema de planeamento do tratamento foi mostrada na Figura A_25. O resultado da análise gama sagital (escala de cores) foi apresentado na Figura A_26 e o resultado da análise gama sagital (binária), em que as áreas verdes são localizações que não cumprem os critérios, conforme apresentado na Figura A_27.

5.5.5 Medições de dose TLD

Os resultados apresentados na Tabela 7 indicam que o TLD esquerdo e direito na próstata diferiu da dose prevista pelo sistema de planeamento do tratamento em 2,62% e 2,78%, respetivamente. Estes valores estavam bem dentro do critério de ±7%/ ±4mm. A dose no alvo estava dentro de 3% da dose planeada e a dose nas cabeças femorais estava dentro de 2,5%.

Tabela 6 Comparações de dose de OARs entre os cálculos RPC e TPS.

	Cabeça do fémur esquerda	Cabeça do fémur Direito	Próstata esquerda (PTV)	Próstata direita (PTV)
Medições RPC TLD Gy_{RBE}	2.43	2.41	5.94	5.93
Cálculos TPS Gy_{RBE}	2.49	2.46	6.1	6.1
%Diferença	2.40%	2.03%	2.62%	2.78%

A cabeça femoral esquerda e a cabeça femoral direita diferiram da dose do plano de tratamento em 2,40% e 2,03%, respetivamente. Estes resultados mostram que a diferença de dose entre o TLD do RPC e o plano de tratamento para as cabeças da próstata e do fémur não ultrapassou os 3%.

CAPÍTULO 6

DEBATES E CONCLUSÕES

O objetivo desta dissertação foi explicar algumas novas tendências para a verificação da distribuição da dose, medição e, em última análise, melhorar a garantia de qualidade. A procura de uma melhor conformidade da dose do tumor tem aumentado na radioterapia com o advento de instalações de imagem recentes e tecnologias informáticas eficientes [170,171]. As investigações aqui apresentadas são todas realizadas com o objetivo de otimizar a radioterapia conformacional tridimensional, IMRT, braquiterapia e terapia de protões por varrimento pontual, de modo a aumentar a precisão dos processos envolvidos. Na verdade, o planeamento do tratamento é uma arte incrível, mas complexa, em que o artista (físico) utiliza as suas ferramentas (parâmetros de planeamento) para fazer o melhor retrato possível (plano) e, evidentemente, o melhor plano possível é aquele que satisfaz o mais elevado nível de requisitos e obtém o resultado desejado. A análise, o foco, a intenção de cada método / técnica, protocolo é proporcionar um tratamento de qualidade. Este estudo foi dividido em diferentes componentes, mas com o mesmo centro de atenção. Para obter uma distribuição precisa e desejada da dose no alvo, o papel do método de cálculo é vital. Assim, o primeiro passo desta análise foi comparar os sistemas de cálculo de dose, integrados com os recentes sistemas de planeamento de tratamento. A análise centrou-se no IMRT, no 3D, na braquiterapia e no feixe de protões de varrimento pontual.

6.1 Radioterapia de feixe externo

Para IMRT e 3D foi criada uma mama antropomórfica PRESAGE® e foram adquiridas medições de uma aplicação de tratamento clinicamente realista, que foram comparadas com o sistema de planeamento do tratamento e com a película GAFCHROMIC® EBT2. Para IMRT, as comparações do mapa gama mostraram que o Pinnacle^3 concordou com o PRESAGE® , uma vez que mais de 95% dos pontos de comparação para o PTV passaram um critério de ±3%/±3 mm quando os 8 mm exteriores dos dados do fantoma foram excluídos. Foram observados artefactos de borda na reconstrução ótica de TC, desde a superfície até aproximadamente 8 mm de profundidade. Estes artefactos resultaram em diferenças de dose entre o Pinnacle^3 e o PRESAGE® de até 5% entre a superfície e uma profundidade de 8 mm e diminuíram com o aumento da profundidade no fantoma. As comparações de perfis de linha entre as três medições independentes produziram uma diferença máxima de 2% dentro dos 80% centrais da largura do campo. Para os DVHs de mama parcial 3D do volume do tumor bruto (GTV), do volume do tumor clínico (CTV) e do volume do tumor planeado (PTV) para o dosímetro PRESAGE® e o sistema de planeamento do tratamento Pinnacle^3, ambos concordaram com 97,8% da dose prescrita. As comparações do mapa gama mostraram que as três distribuições concordaram com mais de 95% dos pontos de comparação que passaram o critério de ±3% / ±2 mm. As comparações da distribuição da linha de isodose entre o PRESAGE® e o Pinnacle[3] apresentaram uma concordância de 1,5%.

Este resultado estabelece a viabilidade da dosimetria PRESAGE® / optical-CT 3D para verificação da IMRT mamária e do planeamento do tratamento em 3D. Fornece as bases para futuras investigações em fantomas antropomórficos mais complexos para a verificação de planos de tratamento difíceis. A principal vantagem do sistema PRESAGE® /optical-CT é o facto de poder produzir uma verdadeira dosimetria 3D, o que é realçado nos mapas de dose, nas linhas de isodose e nos gráficos de histograma dose-volume. No entanto, devido aos artefactos dos bordos, a medição da dose com elevada precisão é difícil nos bordos. As perdas de sinal nos bordos do dosímetro atenuam a luz laser que produz os artefactos dos bordos. Para ultrapassar estes artefactos nas margens, a ótica e as técnicas de aquisição devem ser melhoradas para reduzir o ruído na reconstrução das imagens. Além disso, a melhoria da conceção do scanner ótico de TC e da técnica de aquisição pode conduzir a uma redução dos artefactos de extremidade [172].

6.2 Braquiterapia

O dosímetro antropomórfico de mama PRESAGE® e a película EBT2 GAFCHROMIC® foram utilizados para medir a dose cutânea e as distribuições de isodose para um aplicador SAVI 6-1, a fim de verificar a precisão de um sistema comercial de planeamento do tratamento de braquiterapia. A distribuição da dose calculada a partir do planeamento do tratamento Oncentra® foi comparada com as distribuições medidas a partir do PRESAGE® e EBT2. A dose máxima na pele (dose máxima de 0,1 cc) situou-se entre 74% e 89%. A diferença máxima de dose percentual para o perfil de linha do EBT2, Oncentra® e PRESAGE® foi de 4,06%. Os DVH da pele e PTV_EVAL para PRESAGE® e Oncentra® diferiram num máximo de 4 a 8%. Os DVHs da mama normal para além de 5 mm foram encontrados em concordância com a diferença máxima de 1,5% entre o Oncentra® e o PRESAGE®. É possível moldar o dosímetro PRESAGE® numa forma antropomórfica para braquiterapia. Além disso, é possível obter uma dosimetria exacta a partir de um dosímetro PRESAGE® antropomórfico. O sistema de planeamento do tratamento Oncentra® demonstrou uma precisão de pelo menos ±5% na previsão da dose na pele, PTV_EVAL e tecido mamário normal.

O estudo de braquiterapia investigou as diferenças entre as doses calculadas e as doses administradas com os três tamanhos de aplicadores SAVI™. Em primeiro lugar, foi utilizado um caso simples com uma única posição central da fonte HDR para gerar o maior potencial de diferenças entre as doses calculadas e as doses administradas. Os dados aqui fornecidos podem ajudar a fornecer aos clínicos e físicos estimativas das correcções do tempo de permanência que podem ser necessárias para administrar a dose prescrita. Apenas quantificámos a discrepância da dose perto do ponto de prescrição e para além deste. Existem factores adicionais que podem resultar na sobrestimação da dose pelo sistema de planeamento do tratamento em áreas onde podem não existir condições de dispersão total ou onde os meios de contraste atenuam os fotões primários e dispersos. Num cenário clínico, devem ser considerados outros efeitos, tais como a ausência de retrodifusão devido à distância relativamente pequena entre o bordo do dispositivo e a pele, o que diminuiria o impacto da presença de uma cavidade de ar. Os sistemas de planeamento de tratamento melhorados, para além do formalismo TG-43, podem ser capazes de calcular isto. Os médicos e físicos que utilizam o dispositivo SAVI™ e que planeiam utilizar uma posição de permanência única no cateter central devem estar cientes da possibilidade de administrar uma dose mais elevada ao ponto de prescrição do que a reflectida por um cálculo de dose homogénea.

6.3 Terapia de protões

Como o fantoma foi originalmente concebido para avaliar os procedimentos de IMRT de fotões, os materiais escolhidos não eram necessariamente equivalentes aos protões. Comparando os valores medidos com a curva de calibração HU-SP utilizada pelo TPS, verificou-se que as potências de paragem dos materiais estavam relativamente próximas dos pacientes reais em 4%. O TLD da próstata e das cabeças do fémur estavam dentro de 3% das medições RPC e do valor planeado. Os perfis de distribuição da dose da película EBT2 e a comparação gama estavam dentro de 7% ou 4 mm. Em termos gerais, verificou-se que as medições do feixe de protões de varrimento pontual adquiridas no fantoma antropomórfico da próstata demonstraram uma concordância aceitável (>95% dos pontos passam o critério de ±7%/±4 mm) em comparação com os valores previstos no planeamento do tratamento Eclipse [173].

6.4 Perspectivas futuras

Desenvolvimento da radioterapia para aumentar o nível de precisão em todos os processos envolvidos no planeamento do tratamento de radioterapia. Todos os avanços recentes exigem uma dedicação acrescida às práticas de garantia da qualidade em relação às técnicas mais antigas. Os avanços recentes não devem ser evitados por serem complexos, pelo contrário, devem ser implementados e a complexidade deve ser ultrapassada. Embora tenham sido feitos grandes avanços com os dosímetros de gel baseados em Fricke desde a sua criação, ainda há muito por investigar neste domínio. A investigação básica deve incluir o desenvolvimento de novos sistemas de dosímetros de gel que evitem problemas como a difusão e a oxidação espontânea, mas que simultaneamente aumentem a sensibilidade à dose e a gama dinâmica do sistema de dosímetros. Além disso, o tema dos agentes dopantes do gel deve ser investigado com o objetivo de imitar diferentes tecidos e materiais frequentemente encontrados na dosimetria clínica das radiações. O trabalho anterior centrou-se nas caraterísticas dosimétricas básicas do PRESAGE® e na investigação da viabilidade do sistema PRESAGE®/optical-CT para a dosimetria 3D. Estas últimas investigações envolveram o fornecimento de distribuições de dose simples ou distribuições IMRT a dosímetros fabricados em formas cilíndricas regulares. O presente estudo avalia a viabilidade de um dosímetro antropomórfico PRESAGE® em forma de mama e baseia-se neste trabalho anterior, aplicando o sistema PRESAGE® /optical-CT à verificação de uma distribuição IMRT complexa de cinco campos para IMRT da mama, bem como braquiterapia parcial da mama 3D e HDR. Tanto quanto sabemos, este é o primeiro estudo de um dosímetro PRESAGE® antropomórfico para a mama. Este trabalho demonstra a viabilidade do PRESAGE® para ser moldado em forma antropomórfica e estabelece a exatidão do Pinnacle^3 para IMRT da mama. Para a terapia de varrimento pontual de protões, verificou-se que as medições do feixe adquiridas no fantoma antropomórfico da próstata demonstraram uma concordância aceitável. Além disso, estes dados estabeleceram as bases para futuras investigações sobre dosimetria 3D para feixe externo, braquiterapia e terapia de protões com fantomas antropomórficos mais complexos.

REFERÊNCIAS

1. S.A. Buzdar, "Otimização dos conceitos de precisão no planeamento do tratamento para radioterapia conformacional" Tese de doutoramento, Universidade Islâmica de Bahawalpur, Paquistão, 2010.

2. M. Afzal, "Some aspects of the application of Fricke and other Gels with NMR Detection to image and plot radiation beams for tumor therapy" Tese de doutoramento, Universidade de Dundee, Reino Unido, 1998.

3. International Commission on Radiation Units and Measurements Prescribing, Recording and Reporting Photon Beam Therapy. Relatório ICR 50, Bethesda, Maryland, EUA (1993).

4. Comissão Internacional de Unidades e Medidas de Radiação Prescrição, Registo e Comunicação da Terapia por Feixe de Electrões. Relatório 71 da ICRU, Bethesda, (2004).

5. B. Ann, D. Jane, M. Stephen, "Planeamento prático de radioterapia" 4th Edition. 2009.

6. C. W. Hurkmans, P. Remeijer, J. V. Lebesque, et al. "Set up verification using portal imaging: review of current clinical practice," Radiother Oncol, vol. 58, pp. 20-105, 2001.

7. A.L. McKenzie, M. van Herk, B. Mijnheer. "Margins for geometric uncertainty around organs at risk in radiotherapy," Radiother Oncol vol. 63, pp. 299-307, 2002.

8. A. Bel, H. Bartelink, R.E. Vijbrief, "Transfer errors of planning CT to simulator: a possible source of set up inaccuracies," Radiother Oncol, vol. 31, pp.80- 176, 1994.

9. Coia LR, Schutheiss TE, Hanks GE, eds. A practical guide to CT simulation. Madison, WI: Advanced Medical Publishing, 1995.

10. Austin-Seymour M, Chen GTY, Rosenman J, et al. Tumor and target delineation: current research and future challenges. Int J Radiat Oncol Biol Phys 1995; 33: pp.: 1041-1052.

11. BENTEL, G.C., NELSON, C.E., NOELL, K.T., Treatment Planning and Dose Calculation in Radiation Oncology, Pergamon Press, Nova Iorque (1989).

12. M. van Herk, P. Remeijer, C. Rasch, et, "The probability of corret target dosage:dose population histograms for deriving treatment margins in radiotherapy, "Int J Rad Oncol Biol Phys, vol. 47, pp. 35-1121, 2000.

13. M. J. Zelefsky, Z.Fuks, M. Hunt, "High dose intensity modulated radiation therapy for prostate cancer: early toxicity and biochemical outcome in 772 patients, "Int J Radiat Oncol Biol Phys, vol. 53: pp. 16-1111, 2002.

14.K.S. Chao KSC, N. Majhail, C. J. Huang, "Intensity modulated radiation therapy reduces late salivary toxicity without compromising tumor control in patients with oropharyngeal carcinoma: a comparison with conventional techniques, "Radiother Oncol, vol. 61, pp. 80-275, 2001.

15.S. Webb "Contemporary IMRT: Developing Physics and Clinical Implementation," Institute of Physics Publishing, Londres. 2005.

16.Comissão Internacional de Unidades e Medidas de Radiação, Dose and Volume Specification for Reporting Intracavitary Therapy in Gynecology, Relatório 38 da ICRU. Bethesda, Maryland, EUA (1985).

17.Comissão Internacional de Unidades e Medidas de Radiação, Dose and Volume Specification for Reporting Interstitial Therapy, Relatório ICRU 58. Bethesda, Maryland, EUA (1997).

18.Relatório do Grupo de Trabalho 43 do Comité de Radioterapia da Associação Americana de Físicos em Medicina, Med Phys, vol. 22, pp. 35-209, 1995.

19.R. R. Wilson, "Radiological Use of Fast Protons," Radiology vol. 47: pp. 191- 487, 1946.

20.J. H Lawrence, "Proton irradiation of the pituitary," Cancer, vol. 10, pp. 8-795, 1957.

21.C.A. Tobias, J.H. Lawrence, J. L. Born, "Pituitary irradiation with high-energy proton beams: a preliminary report." Cancer Res vol. **18**(2): pp.34- 121, 1958.

22.R.N. Kjellberg, W. H. Sweet, W.M. Preston e A.M. Koehler, "The Bragg peak of a proton beam in intracranial therapy of tumors," Trans Am Neurol Assoc, vol. 87, pp. 8- 216, 1962.

23.J. M. Slater, J. O. Archambeau, D.W. Miller, "The proton treatment center at Loma Linda University Medical Center: rationale for and description of its development." Int J Radiat Oncol Biol Phys, vol. 22, pp.9- 383, 1992.

24.International Commission on Radiation Units and Measurements, Stopping Power and Ranges for Protons and Alpha Particles, ICRU Report 49. Bethesda, (1993).

25.Comissão Internacional de Unidades e Medidas de Radiação, Prescrição, Registo e Comunicação da Terapia por Feixe de Protões, Relatório ICRU **7**(2). (2007).

26.M. Moyers, "Proton Therapy. Modern Technology of Radiation Oncology: A Compendium for Medical Physicists and Radiation Oncologists," J. V. Dyk, Madison, WI, Medical Physics Publications, 1999.

27.N. Sahoo,X. R. Zhu, M. Gillin, "A procedure for calculation of monitor units for passively scattered proton radiotherapy beams," Med Phys, vol. 35, pp. 97- 5088, 2008.

28.Royal College of Radiologists, "The Timely Delivery of Radical Radiotherapy: standards and guidelines for the management of unscheduled treatment interruptions," Royal College of Radiologists, Londres, 2008.

29.G.G. Steel, "Basic Clinical Radiobiology," 3rd Edition, Londres, 2002.

30.F. M. Khan, "Physics of Radiation Therapy", Lippincott, Williams & Wilkins, EUA, 2003.

31.A.L. Bradshaw, "the variation of percentage depth dose and scatter fator with beam quality", Br J Radiol Suppl, vol. 17, pp. 125-30, 1983.

32.M. Cohen, JC. Jones, "The variation of percentage depth dose and back-scatter fator with beam quality" Br J Radiol, vol. 11, pp. 1- 109, 1972.

33.B.E. Bjarngard, P. Vadash, "Analysis of central-axis doses for high-energy x-rays," Med. Phys, 22, pp. 1191-5, 1995.

34."Determinação da dose absorvida em feixes de fotões e de electrões. IAEA (Agência Internacional da Energia Atómica)," An International Code of Practice, 2nd Edition, Viena, Technical Report Series No. 277, 1997.

35."Determinação da dose absorvida em radioterapia de feixe externo: An International Code of Practice for Dosimetry based on standards of Absorbed Dose to Water IAEA (International Atomic Energy Agency)," Viena, Technical Report Series No. 398, 2001.

36."Commissioning and quality assurance of computerized planning systems for radiation treatment of cancer- IAEA (International Atomic Energy Agency)," Viena, Technical Report Series No. 430, 2004.

37."Um protocolo para a determinação da dose absorvida de feixes de fotões e electrões de alta energia. AAPM (Associação Americana de Físicos em Medicina). Task Group-21," Med Phys, 10, pp.741-771, 1983.

38."Protocolo para a dosimetria clínica de referência de feixes de fotões e electrões de alta energia. AAPM (Associação Americana de Físicos em Medicina). Task Group-51," Med. Phys, vol. 26, pp. 1847-1870, 1999.

39.W.R. Nelson, H. Hirayama, D.W.O. Rogers, "The ESG4 code system," Stanford Linear Accelerator Center Report SLAC-265. Stanford, CA: SLAC, 1985.

40.M.J. Berger, S.M. Seltzer, "Monte Carlo code system for electron and photon transport through extended media. Documentation for RSIC Computer Package CCC-107," Oak Ridge National

Laboratory, 1973.

41.J.S. Hendricks, "A Monte Carlo code for particle transport," Los Alamos Scientific Laboratory Report. vol. 22:pp. 30- 43, 1994.

42.F. Salvat, J.M. Fernandez Vera, J. Baro, "An algorithm and computer code for Monte Carlo simulation of electron-photon showers," Barcelona, Informes cnicos Ciemat, 1996.

43.R. Walling, C. Hartman Siantar, N. Albright, "Clinical validation of the PEREGRINE Monte Carlo dose calculation system for photon beam therapy," Med Phys, vol. 25,pp. 128-140, 1998.

44.D. W. O. Rogers, A. F. Bielajew, "Monte Carlo techniques of electron and photon transport for radiation dosimetry," The dosimetry of ionizing radiation. San Diego: Academic Press, 427-539, 1990.

45.J. S. Li, T. Pawlicki, J. Deng, "Validation of a Monte Carlo dose calculation tool for radiotherapy treatment planning," Phys Med Biol, 2000;vol. 45, pp. 29692969, 2000.

46.R. Mohan, G. Barest, L. J. Brewster, C. S. Chui, G. J. Kutcher, J. S. Laughlin, e Z. Fuks, "A comprehensive three-dimensional radiation treatment planning system," Int J Radiat Oncol Biol Phys, vol. 15, pp. 481-95, 1988.

47."Physical aspects of quality assurance in radiation therapy," AAPM Report No. 13 Colchester, 1984.

48."Radiation control and quality assurance in radiation oncology: a suggested protocol," Report No. 2 Reston, VA: American College of Medical Physics, 1986.

49.G.E. Hank, D. F. Herring, S. Kramer, "The need for complex technology in radiation oncology: correlations of facility characteristics and structure with outcome," Cancer, vol. 55:pp. 2198, 1985.

50.L.J. Peters, "Apoio departamental para um programa de garantia de qualidade," In: G. Starkschall, J. Horton, "Quality assurance in radiotherapy physics," Madison, WI: Medical Physics, 1991.

51.MOULD, R.F., Radiotherapy Treatment Planning, Adam Hilger, Bristol (1981).

52."Quality assurance program in radiation oncology," Reston, VA: American College of Radiology, 1989.

53."Comprehensive QA for radiation oncology: report of the Radiation Therapy Task Group 40," Med Phys, vol.21, pp. 581-618, 1994.

54.M. Oldham, H. Sakhalkar, P. Guo, J. Adamovics, "An investigation of the accuracy of an IMRT dose distribution using two and three dimensional dosimetry techniques," Med Phys, vol. 35, pp.2072-2080, 2008.

55.P. Guo, J. Adamovics, M. Oldham, "Characterization of a new radiochromic three-dimensional dosimeter," Med Phys, vol. 33, pp. 1338-1345, 2006.

56.S. L. Brady, W.E. Brown, C.G. Clift, S. Yoo, M. Oldham," Investigation into the feasibility of using PRESAGETM/ optical-CT dosimetry for the verification of gating treatments," Phys Med. Biol, vol.55, pp. 2187-2201, 2010.

57.C. Baldock, Y.D. Deene, S. Doran, G. Ibbott, et al. "Polymer gel dosimetry," Phys Med. Biol, vol.55, pp1-63, 2010.

58.S. J. Doran, "A história e os princípios da dosimetria química para campos de radiação 3D: Géis, polímeros e plásticos", Appl. Radiat. Isot, vol.67, pp. 393-398, 2009.

59.S. Brown, A. Venning, Y.D. YDeene, et al. "Radiological properties of the PRESAGE and PAGAT polymer dosimeters," Appl. Radiat. Isot, vol. 66: pp. 1970-1974, 2008.

60.Healy BJ, Gibbs A, Murry RL, Prunster JE, e Nitschke KN. Medições do fator de saída para uma unidade de terapia de raios X de kilovoltagem. Australas. Phys. Eng. Sci. Med. 2005; 28, 115-121.

61.R. Hill, L. Holloway, C. Baldock, "A dosimetric evaluation of water equivalent phantoms for kilovoltage x-ray beams", Phys. Med. Biol, vol. 50, pp. 331-344, 2005.

62.R. Hill, Z. Kuncic, C. Baldock, "A equivalência hídrica de fantomas sólidos para feixes de fotões de baixa energia", Med. Phys, vol. 37, pp. 4355-4363, 2010.

63.R. Hill, S. Brown, C. Baldock, "Evaluation of the water equivalence of solid phantoms using gamma ray transmission measurements", Radiat. Meas, 2008; vol. 43, pp. 1258-1264, 2008.

64.S. Brown, D.L. Bailey, K. Willowson, C. Baldock, "Investigation of the relationship between linear attenuation coefficients and CT Hounsfield units using radionuclides for SPECT," Appl. Radiat. Isot, vol. 66, pp. 1206-1212, 2008.

65.J. Seco, P.M. Evans, "Assessing the effect of electron density in photon dose calculations", Med. Phys, vol.33, pp. 540-552, 2006.

66.P. Sellakumar, E.J. Samue, S.S. Supe, "Water equivalence of polymer gel dosimeters," Radiat. Phys. Chem, vol.76, pp. 1108-1115, 2007.

67.T. Juang, R. Grant, J. Adamovics, G. Ibbott, M. Oldham, "On the feasibility of comprehensive high-resolution 3D remote Dosimetry," Med. Phys, vol. 41, 2014.

68.G. Tina, R. Hill, Robin; Z. Kuncic, J. Adamovics, S. Bosi, J. Kim, "Investigação das propriedades radiológicas e da equivalência em água dos dosímetros PRESAGE", Med. Phy, vol.38, pp.2265-2274,

2011.

69.J. Adamovic, M.J. Maryanski, "Characterization of PRESAGE™: A new 3D radiochromic solid polymer dosemeter for ionizing radiation," Radiation Protection Dosimetry, vol. 120, pp. 107-112, 2006.

70.P. Guo, J. Adamovics, M.Oldham, "A practical three dimensional dosimetry system for radiation therapy," Med Phys, vol. 33, pp. 3962-3972, 2006.

71.A. J. Venning, K.N. Nitschke, P.J. Keall,C. Baldock. "Propriedades radiológicas dos dosímetros de gel de polímero normotóxico", Med. Phys, vol. 32, pp. 1047- 1053, 2005.

72.T. Gorjiara, R. Hill, Z. Kuncic, J. Adamovics, et al. "Investigation of radiological properties and water equivalency of PRESAGE dosimeters", Med. Phys, vol. 38, pp. 2265-2274, 2001.

73.T. Juang, S. Das, J. Adamovics, R. Benning, M. Oldham , "On the need for comprehensive validation of deformable image registration, investigated with a novel 3- dimensional deformable dosimeter," International journal of radiation oncology, biology, physics, vol.87,pp.21-414, 2013.

74.M. Alqathami, A. Blencowe, G. Qiao, J. Adamovics, M. Geso, "Otimização da sensibilidade e das propriedades radiológicas do dosímetro PRESAGE utilizando compostos metálicos", Radiation Physics and Chemistry, vol.81, pp.1688-1695, 2012.

75.M. Alqathami, G. Qiao, D. Butler, e M. Geso," Otimização da sensibilidade e estabilidade do dosímetro PRESAGE utilizando iniciadores de radicais trihalometanos," Radiation Physics and Chemistry, vol.81, pp.867-873, 2012.

76.M. Alqathami, A. Blencowe, J. Yeo Un, G. Qiao, M. Geso," Novos dosímetros de radiação radiocrómicos tridimensionais multicompartimentais para dosimetria de radioterapia melhorada por nanopartículas," International journal of radiation oncology, biology, physics,vol.84, pp.55-549, 2012.

77.A. Mostaar, B. Hashemi, M. Zahmatkesh, S. R. Mahdavi," Development and characterization of a novel PRESAGE formulation for radiotherapy applications," Applied Radiation and Isotopes, vol. 69, pp. 1540-1545, 2011.

78.A .Mostaar, B .Hashemi, M. H .Zahmatkesh, S .M. R .Aghamiri e S. R. Mahdavi," A basic dosimetric study of PRESAGE: the effect of different amounts of fabricating components on the sensitivity and stability of the dosimeter," Phy Med and Biol, vol. 55, pp. 903-912, 2010.

79.H. Sakhalkar, J. Adamovics, G. Ibbott, M. Oldham, "A comprehensive evaluation of the PRESAGE/optical-CT 3D dosimetry system," Med. Phys, vol. 36, pp. 71-82, 2009.

80.H. Sakhalkar, M. Oldham, "Fast, high-resolution 3D dosimetry utilizing a novel optical-CT scanner incorporating tertiary telecentric collimation," Med. Phys, vol. 35, pp. 101-111, 2008.

81.H. Sakhalkar, J. Adamovics, G. Ibbott , M. Oldham, "An investigation into the robustness of optical-CT dosimetry of a radiochromic dosimeter compatible with the RPC head-and-neck phantom," J. Phys: Conf. Ser, vol.164: 012059, 2009.

82.H. Sakhalkar, H. D. Sterling, J. Adamovics, G. Ibbott, M. Oldham, "Investigation of the feasibility of relative 3D dosimetry in the Radiologic Physics Center Head and Neck IMRT phantom using presage/ optical-CT," Med. Phys, vol. 36, pp. 3371-3377, 2009.

83.X. Qian, J. Adamovics, C.S. Wuu," Performance of an improved first generation optical CT scanner for 3D dosimetry," Physics in medicine and biology, vol.58, pp.31-321, 2013.

84.S. J. Hoogcarspel, Y. Xu, e C. Wuu," Fast Cone-Beam Optical CT Scanning of a Radiochromic Solid Dosimeter for Clinical 3-D Dose Verification," Med. Phys. Vol.38, 2011.

85.A. Thomas, J. Newton, J. Adamovics, M. Oldham," Commissioning and benchmarking a 3D dosimetry system for clinical use," Med .Phy, vol.38, pp.574846, 2011.

86.A. Thomas, J. Newton, M. Oldham ," A method to corret for stray light in telecentric optical-CT imaging of radiochromic dosimeters," Physics in medicine and biology,vol.56,pp.51-4433,2011.

87.A. Thomas, M. Pierquet, K. Jordan, M. Oldham," A method to corret for spectral artifacts in optical-CT dosimetry," Physics in medicine and biology, vol.56, pp.16-3403, 2011.

88.P.M. Devlin, Brachytherapy Applications and Techniques, Lippincott Williams & Wilkins, Philadelphia, pp. 1-5, 2007.

89.D. Bates, N. Zamboglou, Medical Physics and Biomedical Engineering, Taylor & Francis Group, LLC, Boca Raton, 2007.

90.H.L. Andrews, E. J. Le Brun, "Gel Dosimeter for Depth-Dose Measurements," Review of Scientific Instruments, vol. 28, pp. 329-332, 1957.

91.C. Gore, R. J. Schulz, "Measurement of radiation dose distributions by nuclear magnetic resonance (NMR) imaging," Physics in Medicine and Biology, vol. 29, pp. 1189-1197, 1984.

92.E. Olsson, A. Fransson, B. Nordell, "Diffusion of ferric ions in agarose dosimeter gels," Physics in Medicine and Biology, vol. 37, pp. 2243-2252, 1992.

93.C. Baldock, A. R. Piercy, B. Healy, "Experimental determination of the diffusion coefficient in two dimensions in ferrous sulphate gels using the finite element method," Australasian Physical &

Engineering Sciences in Medicine, vol. 24, pp. 19-30, 2001.

94.M. J. Maryanski, R. P. Kennan, R. J. Shulz, "NMR Relaxation Enhancement in gels polymerized and cross linked by ionizing radiation: a new approach to 3D dosimetry by MRI Magnetic Resonance Imaging," vol. 11, pp. 253-258, 1993.

95.C Baldock, S. Doran, G. Ibbott, A. Jirasek, M. Lepage, K. B. McAuley, M. Oldham, L. J. Schreiner, "Polymer Gel Dosimetry," Physics in Medicine and Biology. Vol. 55, pp. 1-63, 2010.

96.M. J. Maryanski, G. S. Ibbott, J. C. Gatenbym, J. Xie, D. Horton, J. C. Gore, "Magnetic Resonance Imaging of Radiation Dose Distribution using a polymergel dosimeter," Physics in Medicine and Biology, vol. 39, pp. 1437-1455, 1994.

97.J. C. Gore, M. J. Maryanski, R. J. Schulz, "Radiation dose distributions in three dimensions from tomographic optical density scanning of polymer gels: I. Development of an optical scanner," Physics in Medicine and Biology, vol. 41, pp. 2695-2704, 1996.

98.M.J. Maryanski, J. C. Gore, "Distribuições de dose de radiação em três dimensões a partir de varrimento tomográfico da densidade ótica de géis poliméricos: II. Optical properties of the BANG polymer gel," Physics in Medicine and Biology, vol. 41, pp. 27052717, 1996.

99.M. Oldham, S. Kumar, J. Wong, D. A. Jaffray, "Optical-CT gel-dosimetry I: Basic investigations," Medical Physics, vol. 30, pp. 623-635, 2003.

100. M. Oldham, "Optical-CT gel-dosimetry II: Optical artifacts and geometrical distortion," Medical Physics, vol. 31, pp. 1093-1205, 2004.

101. P. Guo, M. Oldham, "A practical three dimensional dosimetry system for radiation therapy," Med Phys, vol. 33, pp. 3962-3972, 2006.

102. Adamovics, "New 3D radiochromic solid polymer dosimeter from leuco dyes and a transparent polymeric matrix," Medical Physics, vol. 30, pp. 13491349, 2003.

103. P. Wai, N. Krstajic, A. Ismail, A. Nisbet, S. Doran, "Dosimetria da fonte micro Selectron-HDR Ir-192 utilizando PRESAGE e TAC ótica", Applied

104. Radiation and Isotopes vol. 67, pp. 419-422, 2009.

105. U. Mock, J. Bogner, D. Georg, T. Auberger, "Comparative treatment planning on localized prostate carcinoma conformal photon versus proton based radiotherapy," Strahlenther. Onkol, vol. 181, pp. 55 -448, 2005.

106. M. Goitein, "Compensation for in homogeneities in charge particle radiotherapy using

computed tomography," Int. J. Radiat. Oncol. Biol. Phys, vol. 4, pp. 499-508, 1978.

107. M. Urie, M. Goitein, M. Wagner, "Compensating for heterogeneities in proton radiation therapy, "Phys. Med. Biol, vol.29, pp. 66-553, 1983.

108. B. Schaffner,E. Pedroni, "The precision of proton range calculations in proton radiotherapy treatment planning: experimental verification of the relation between CTHUand proton stopping power," Phys Med Biol, vol. 43, pp. 15791592, 1998.

109. T.Kanai, K. Kawachi, Y. Kumamoto, H. Ogawa, "Spot scanning system for proton radiotherapy, " Med. Phys, vol. 7, pp. 9- 365, 1980.

110. D. J. Brenner, E. J. Hall, "Secondary neutrons in clinical proton radiotherapy: a charged issue, "Radiother Oncol, vol. 86, pp. 70-165, 2008.

111. S. M. Vatnitsky, D. W. Miller, M.F. Moyers, "Dosimetry techniques for narrow proton beam radiosurgery, "Phys. Med. Biol, vol. 44, pp. 801-2789, 1999.

112. A. Smith, M. Gillin, M. Bues, X. R. Zhu, "The M. D. Anderson Proton Therapy System," Med Phys, vol. 36, pp. 83- 4068, 2009.

113. R.M. Sivasubramanian, R. R.Rodriguez, S. B. Vidya , "Dosimetry evaluation of SAVI-based HDR brachytherapy for partial breast irradiation," Med Phys, vol. 35, pp.131-136, 2010.

114. M. J. Day, G. Stein, G. "Chemical dosimetry of ionizing radiations, "Nucleonic, vol. 8, pp. 34, 1951.

115. M. J. Lefort, "Action of ionizing radiations on water and aqueous solutions," Chem. Phys. Vol. 47, pp. 776 1950.

116. H.L. Andrews,R. E. Murphy, E.J. LeBrun, "Gel dosimeter for depth dose measurements," Rev. Sci. Instr ,vol. 28, pp. 329 1957.

117. M. S. Potsaid, G. Irie, "Paraffin base halogenated hydrocrabon chemical dosimeters", Radiology, vol. 77, pp. 61-65, 1961.

118. J. Adamovics, M. J. Maryanski, "Characterization of presage: Anew 3-D radiochormic solid polymer dosimeter for ionizing radiation", Radiation Protection Dosimetry, vol. 120, pp. 107-112, 2006.

119. J. Newton, A. Thomas, G.S. Ibbott, M. Oldham, "Preliminary commissioning investigations with the DMOS-RPC optical-CT Scanner," J Phys Conf Ser, 2010.

120. M.Fuss, E. Sturtewagen, C. De Wagter, D. Georg, "Dosimetric evaluation of Gafchromic EBT

film and its implication on film dosimetry quality assurance," Phys Med Biol, vol. 52, pp.4211-4225, 2007.

121. A.K. Ho, I.C. Gibbs, D.D. Chang, B. Main, J.R. Adler, "The use of TLD and Gafchromic film to assure sub millimeter accuracy for image-guided radiosurgery," Med Dosimetry, vol. 33, pp. 36-41, 2007.

122. E.E. Wilcox, G.M. Daskalov, "Evaluation of Gafchromic EBT film for Cyber Knife dosimetry," Med Phys, vol. 34, pp. 1967-1974, 2007.

123. O. A. Zeidan, S.A.L. Stephenson, S.L. Meeks, "Characterization and use of EBT radiochromic film for IMRT dose verification," Med Phys, vol. 33, pp, 40644072, 2006.

124. C. Fiandra, U. Ricardi, R. Ragona, "Clinical use of EBT model Gafchomic film in radiotherapy," Med Phys, vol. 33, pp. 4314-4319, 2006.

125. M.J. Butson, T. Cheung, P.K.N. Yu, "Absorption spectra variations of EBT radiochromic film from radiation exposure," Phys Med Biol, vol. 50, pp. 135-140, 2005.

126. F. Schneider, M. Polednik, D. Wolff, V. Stell, "Otimização do protocolo EBT Gafchromic para GQ de IMRT," Zeitschrift fur Medizinische Physik, vol. 19, pp. 29-37, 2006.

127. L. J. Battum, D. Hoffmans, H. Piersma, S. Heukelom, "Accurate dosimetry with Gafchromic EBT film of a 6 MV photon beam in water: what level is achievable," Med Phys. vol. 35, pp. 704-716, 2008.

128. S. Saur, J. Frengen, "Gafchromic EBT film dosimetry with flatbed CCD scanner: a novel background correction method and full dose uncertainty analysis," Med Phys. vol. 35, pp. 3094-3101, 2008.

129. S. Devic, J. Seuntjens, F. Sham, "Precise radiochromic film dosimetry using a flat-bed document scanner," Med Phys, vol. 32, pp. 2245-2253, 2005.

130. L. R. Susan, P. Ramiro, "Efeitos dosimétricos de uma cavidade de ar para o aplicador de irradiação parcial da mama SAVI™," Med Phys, vol. 37, pp. 3919-3926, 2010.

131. R. R. Kuske, J. S. Bolton, "A Phase I/II Trial to Evaluate Brachytherapy as the Sole Method of Radiation Therapy for Stage I and II Breast Carcinoma" (RTOG Publication No. 1055) Radiation Therapy Oncology Group, Philadelphia, 1995.

132. F. Vicini , "Ongoing clinical experience using 3D conformal external beam radiotherapy to deliver partial breast irradiation in patient with early state breast cancer treated with breast

conserving therapy," Biol. Phys, vol. 57,pp. 1247-1253, 2003.

133. M. Keisch, "Initial clinical experience with the Mammo Site breast brachytherapy applicator in women with early-stage breast cancer treated with breast-conserving therapy," Int. J. Radiat. Oncol, Biol., Phys, vol. 55, pp. 289-293, 2003.

134. N. Shah, "Mammo Site and interstitial brachytherapy for accelerated partial breast irradiation," Cancer, vol. 101, pp. 727-734, 2004.

135. G. M. Richards, "Acute toxicity of high-dose-rate intracavitary brachytherapy with the Mammo Site applicator in patients with early stage breast cancer," Ann. Surg. Oncol. vol. 11, pp. 739-746, 2004.

136. V. Zannis, "Descrições e resultados das técnicas de inserção de um cateter balão de braquiterapia mamária em 1403 doentes inscritos no ensaio de registo de braquiterapia mamária Mammo Site da Sociedade Americana de Cirurgiões da Mama," Am. J. Surg, vol. 190, pp. 530-538, 2005.

137. F. A. Vicini et, "Three year analysis of treatment efficacy, cosmesis, and toxicity by the American Society of Breast Surgeons Mammo Site Breast Brachytherapy Registry Trial in patients treated with accelerated partial breast irradiation APBI," Cancer, vol. 112pp. 758-766, 2008.

138. A. Dickler, R. Patel, D. Wazer, "Breast brachytherapy devices," Expert Rev. Med. Devices, vol. 6, pp. 325-333, 2009.

139. S. Brown, "Initial radiation experience evaluating early tolerance and toxicities in patients undergoing accelerated partial breast irradiation using the Contura® Multi-Lumen Balloon breast brachytherapy catheter," Brachytherapy, vol. 8, pp. 227-233, 2009.

140. A. Dorin, "Accelerated partial breast irradiation with the Seno Rx balloon brachytherapy catheter: Preclinical treatment planning assessment," Brachytherapy, vol. 7, pp. 130, 2008.

141. A. Dickler, "A dosimetric comparison of Mammo Site and clear path HDR breast brachytherapy devices," Brachytherapy, vol. 8, pp. 14-18, 2009.

142. GAFCHROMIC® EBT2 Película de revelação automática para dosimetria de radioterapia Advanced materials ISP 7 de outubro de 2010.

143. K. A. Gifford, O. Pacha, A.A. Hebert, "A new paradigm for calculating skin dose, "2012.

144. H. Sakhalkar, H.D. Sterling, J. Adamovics, G. Ibbott, M, Oldham, "Investigation of the feasibility of relative 3D dosimetry in the Radiologic Physics Center Head and Neck IMRT phantom

using presage/ optical-CT," Med. Phys, vol. 36, pp. 3371-337, 2009.

145. U. Mock, J. Bogner, D. Georg, T. Auberger," Comparative treatment planning on localized prostate carcinoma conformal photon versus proton based radiotherapy," Strahlenther. Onkol, vol. 181, pp. 55 -448, 2005.

146. M. Goitein, "Compensation for in homogeneities in charge particle radiotherapy using computed tomography, "Int. J. Radiat. Oncol. Biol. Phys, vol. 4, pp.499- 508, 1978.

147. M. Urie, M. Goitein, M. Wagner, "Compensating for heterogeneities in proton radiation therapy", Phys. Med. Biol, vol. 29, pp. 66-553, 1983.

148. B. Schaffner, E. Pedroni "The precision of proton range calculations in proton radiotherapy treatment planning: experimental verification of the relation between CTHU and proton stopping power," Phys Med Biol, vol. 43, pp. 15791592, 1998.

149. T. Kanai, K. Kawachi, Y. Kumamoto, H. Ogawa, et al. Yamada T, Matsuzawa H e Inada T "Spot scanning system for proton radiotherapy," Med. Phys, vol. 7, pp. 9- 365, 1980.

150. D.J. Brenner, E.J. Hall, "Secondary neutrons in clinical proton radiotherapy: A charged issue, "Radiother Oncol, vol. 86, pp. 70-165, 2008.

151. S. M. Vatnitsky, D.W. Miller, M.F. Moyers, et al. "Dosimetry techniques for narrow proton beam radiosurgery, "Phys. Med. Biol, vol. 44, pp. 801-2789, 1999.

152. A. Smith,M. Gillin,M. Bues, "The M. D. Anderson Proton Therapy System," Med Phys. vol. 36, pp. 4068-83, 2009.

153. M.T. Gillin, N. Sahoo, M. Bues, et al. "Colocação em funcionamento do sistema de entrega de feixes de protões de varrimento pontual discreto no Centro de Cancro M.D. Anderson da Universidade do Texas, Centro de Terapia de Protões, Houston," Med Phys, vol. 37, pp. 154-63, 2010.

154. B. Schaffner, Pedroni, "The precision of proton range calculations in proton radiotherapy treatment planning: experimental verification of the relation between CT-HU and proton stopping power," Phys Med Biol, vol.43, pp. 1579-92, 1998.

155. Comissão Internacional de Unidades e Medidas de Radiação, "Prescribing, Recording, and Reporting Proton-Beam Therapy," Journal of the ICRU 7, 2007.

156. J. O. Deasy, A. Blanco, "CERR: a computational environment for Radiotherapy research," Med Phys, vol.30, pp. 979- 985, 2003.

157. H. Sakhalkar, M. Oldham, "Fast, high-resolution 3D dosimetry utilizing a novel optical-CT

scanner incorporating tertiary telecentric collimation," Med. Phys, vol. 35: 101-111, 2008.

158. S.L. Brady, W.E. Brown, C. G. Clift, "Investigation into the feasibility of using PRESAGETM/optical-CT dosimetry for the verification of gating treatments, "Phys Med. Biol, vol. 55, pp. 2187-2201, 2010.

159. R. J. Shalek, M. Stovall, "Dosimetria na terapia com implantes. Em: F.H. Attix, W.C. Roesch, Radiation dosimetry, vol. 3, Nova Iorque, Academic Press, 1969.

160. Comissão Internacional de Unidades e Medidas de Radiação, Quantidades e unidades de radiação. ICRU. Relatório nº 19. Washington, 1971.

161. Comissão Internacional de Unidades e Medidas de Radiação, Quantidades e unidades de radiação. ICRU. Relatório n.º 33. Washington, 1980.

162. Comissão Internacional de Unidades e Medidas de Radiação, ICRU. Radioatividade. Relatório n.º 10C. Washington, 1963.

163. G.N. Whyte, "Attenuation of radium gamma radiation in cylindrical geometry," Br J Radiol, vol. 28, pp. 635, 1955.

164. E. Van Roosenbeek, R.J. Shalek, E.B. Moore, "Safe encapsulation period for sealed medical radium sources," AJR, vol. 102, pp. 697, 1968.

165. L.L. Meisberger, R.J. Keller," The effective attenuation in water of gamma rays of gold 198, iridium 192, cesium 137, radium 226, and cobalt 60," Radiology, vol. 90, pp. 953, 1968.

166. A. F.C. Horsler, J.C. Jones, A. J. Stacey, "Cesium 137 sources for use in intracavitary and interstitial radiotherapy," Br J Radiol, vol. 37, pp. 3898, 1964.

167. V. Krishnaswamy," Dose distribution about ^{137}Cs sources in tissue," Radiology, vol. 105, pp. 181, 1972.

168. F.H. Attix, "Computed values of specific gamma ray constant for ^{137}Cs and ^{60}Co," Phys Med Biol, vol.13, pp. 119, 1968.

169. Schneider, U., Pedroni, E. e Lomax, A. "The calibration of CT Hounsfield units for radiotherapy treatment planning". Phys Med Biol, vol.41, 111-24, 1996.

170. K. Iqbal, M. Isa, S. A. Buzdar, K.A. Gifford, M. Afzal, "Avaliação do planeamento do tratamento da janela deslizante e da técnica de múltiplos segmentos estáticos em radioterapia com intensidade modulada", Reports of practical oncology and radiotherapy, vol. 18, pp.101-106, 2013.

171. K. Iqbal, S. A. Buzdar, M. Afzal," Verification of radionuclide radiation dose strength through

Gamma Camera," Pak J. Sci. ind. res. Ser A: phys. Sci, vol. 55, pp.68-71, 2012.

172. K. Iqbal, K. A. Gifford, G. Ibbott, R. L. Grant, S. A. Buzdar," Comparison of an anthropomorphic PRESAGE® dosimeter and radiochromic film with a commercial radiation treatment planning system for breast IMRT: a feasibility study," JACMP, vol. 15, pp.363-374, 2014

173. K. Iqbal, M. Gillin, P.A. Summers, S. Dhanesar, K.A. Gifford, S.A. Buzdar, "Quality assurance evaluation of spot scanning beam proton therapy with an anthropomorphic prostate phantom using, "10.1259/bjr.20130390.

Apêndice A

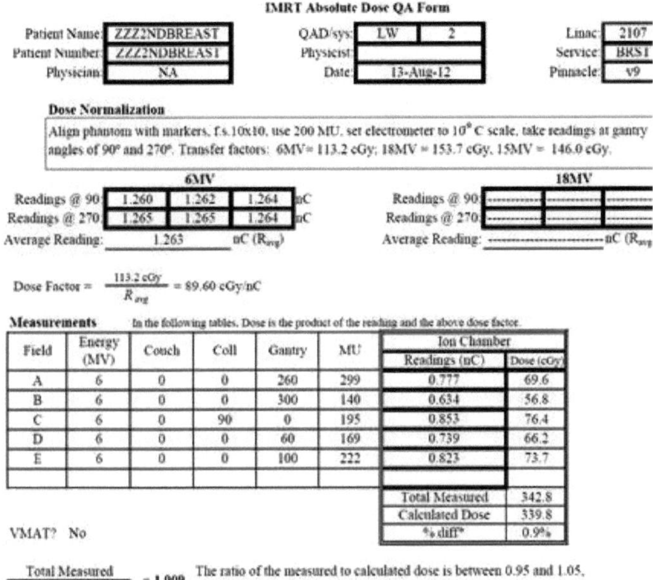

IMRT Absolute Dose QA Form

Patient Name:	ZZZ2NDBREAST	QAD/sys:	LW	2	Linac:	2107
Patient Number:	ZZZ2NDBREAST	Physicist:			Service:	BRST
Physician:	NA	Date:	13-Aug-12		Pinnacle:	v9

Dose Normalization

Align phantom with markers, f.s.10x10, use 200 MU, set electrometer to 10^{-8} C scale, take readings at gantry angles of 90° and 270°. Transfer factors: 6MV= 113.2 cGy; 18MV = 153.7 cGy, 15MV = 146.0 cGy.

6MV				
Readings @ 90	1.260	1.262	1.264	nC
Readings @ 270	1.265	1.265	1.264	nC
Average Reading:	1.263	nC (R_{avg})		

18MV				
Readings @ 90	----------	----------	----------	
Readings @ 270	----------	----------	----------	
Average Reading:	----------------------	nC (R_{avg})		

$$\text{Dose Factor} = \frac{113.2\ \text{cGy}}{R_{avg}} = 89.60\ \text{cGy/nC}$$

Measurements In the following tables, Dose is the product of the reading and the above dose factor.

Field	Energy (MV)	Couch	Coll	Gantry	MU	Ion Chamber Readings (nC)	Dose (cGy)
A	6	0	0	260	299	0.777	69.6
B	6	0	0	300	140	0.634	56.8
C	6	0	90	0	195	0.853	76.4
D	6	0	0	60	169	0.739	66.2
E	6	0	0	100	222	0.823	73.7
						Total Measured	342.8
						Calculated Dose	339.8
						% diff*	0.9%

VMAT? No

$$\frac{\text{Total Measured}}{\text{Total Calculated}} = \mathbf{1.009}$$

The ratio of the measured to calculated dose is between 0.95 and 1.05, monitor units do not need adjustment.

Figura A_ 1: Formulário de controlo de qualidade da dose absoluta de IMRT.

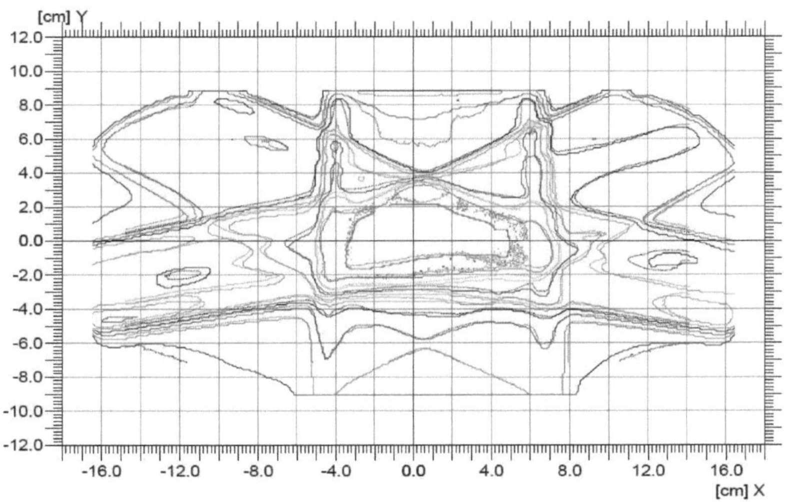

Figura A_ 2: Distribuição da dose do plano de QA de IMRT.

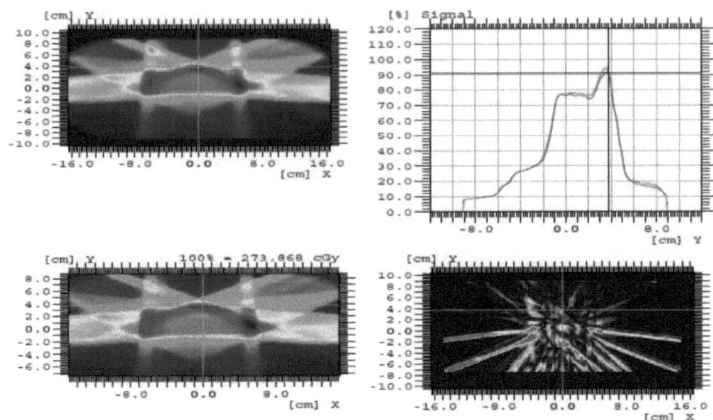

Figura A_ 3: Distribuição da dose IMRT QA no fantoma em lavagem a cores.

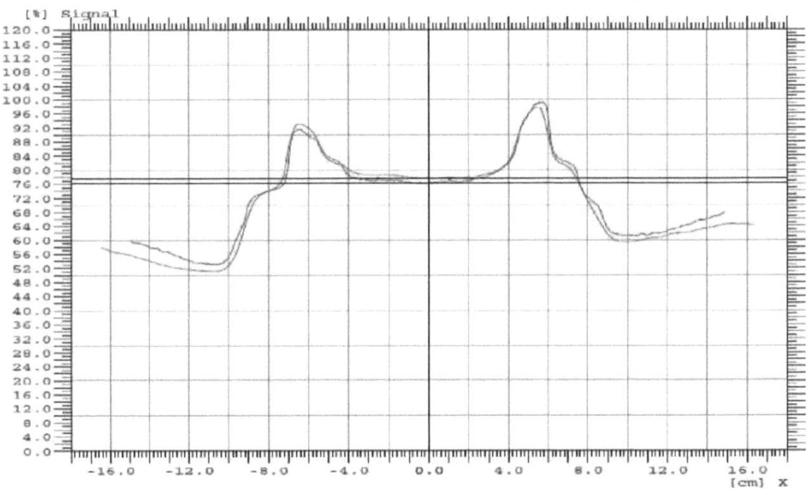

Figura A_ 4: Sinal fantasma de QA de IMRT ao longo do eixo X.

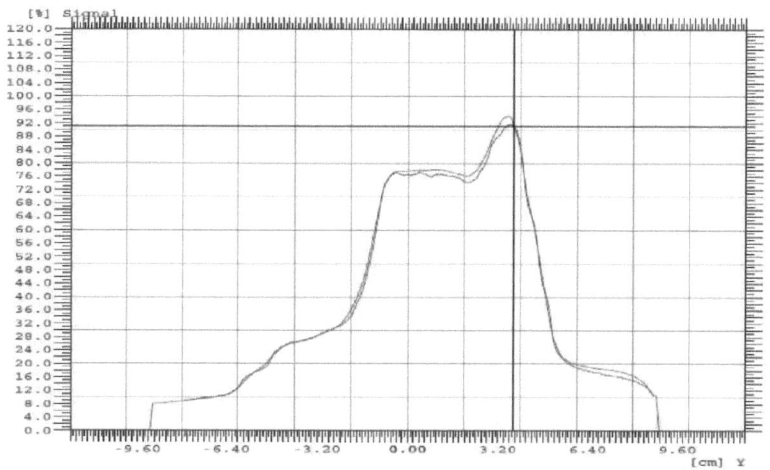

Figura A_ 5: Sinal do fantoma de QA de IMRT ao longo do eixo Y.

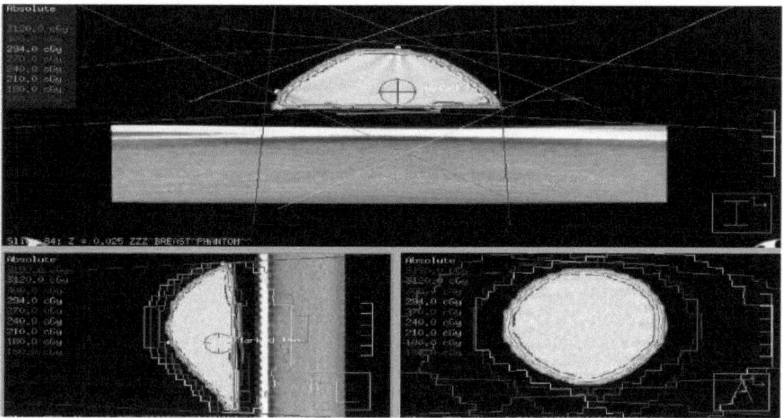

Figura A_ 6: Plano de tratamento IMRT com distribuição da dose

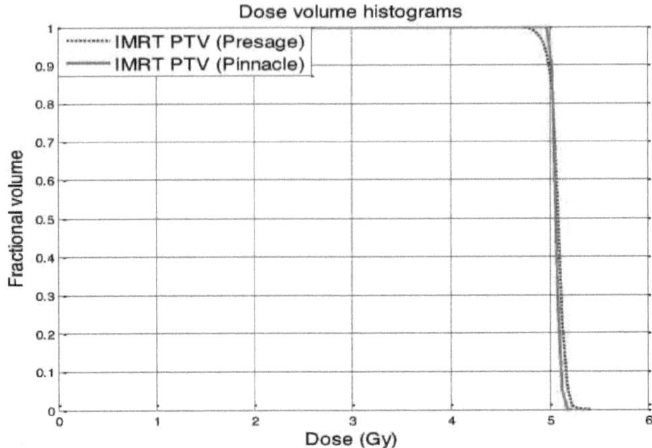

Figura A_ 7: Comparações do histograma dose-volume do PTV entre o PRESAGE® e o Pinnacle³.

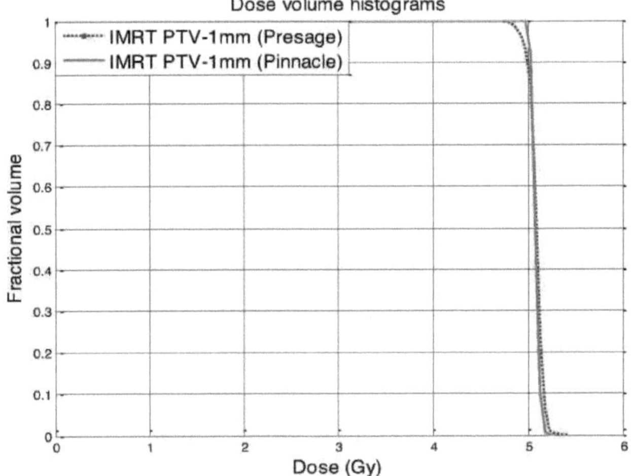

Figura A_ 8: Comparações do histograma dose-volume do PTV entre o PRESAGE® e o Pinnacle³.

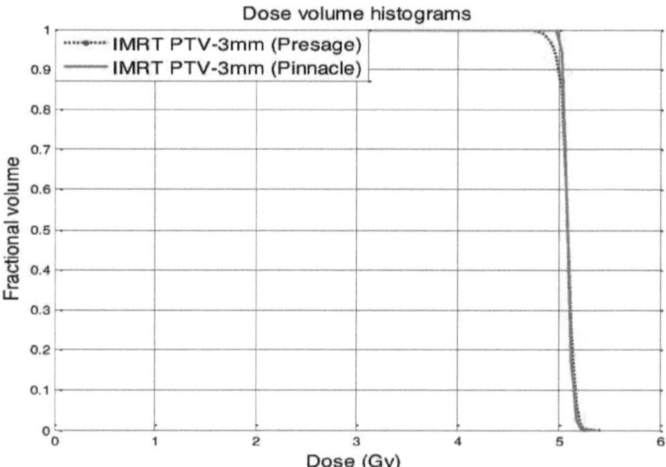

Figura A_ 9: Comparações do histograma dose-volume do PTV entre o PRESAGE® e o Pinnacle[3].

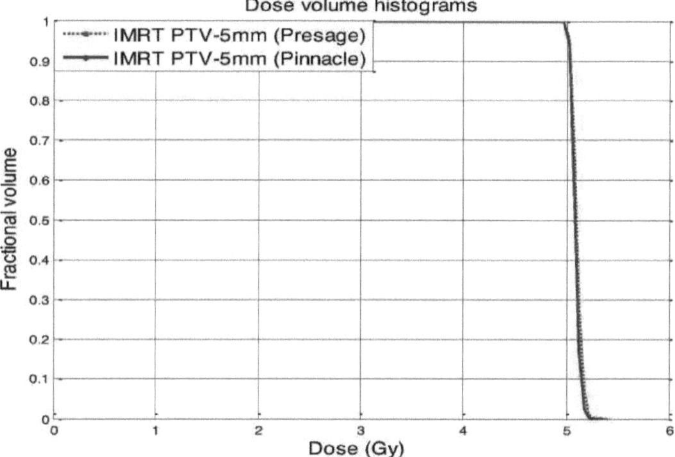

Figura A_ 10: Comparações do histograma dose-volume do PTV entre o PRESAGE® e o Pinnacle[3].

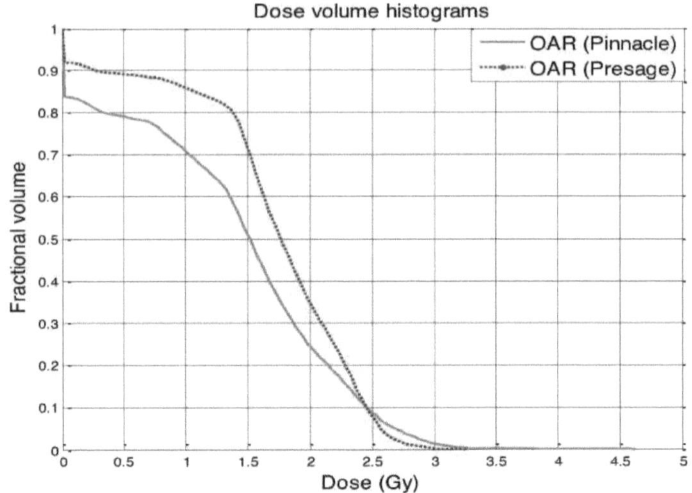

Figura A_ 11: Comparações do histograma dose-volume do órgão em risco (OAR) entre o PRESAGE® e Pinnacles.

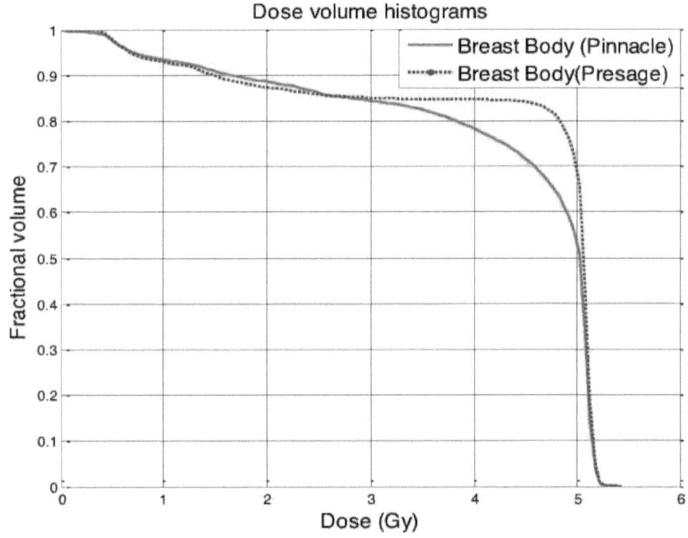

Figura A_ 12: Comparações do histograma Dose-Volume do corpo da mama entre o PRESAGE® e o Pinnacle[3].

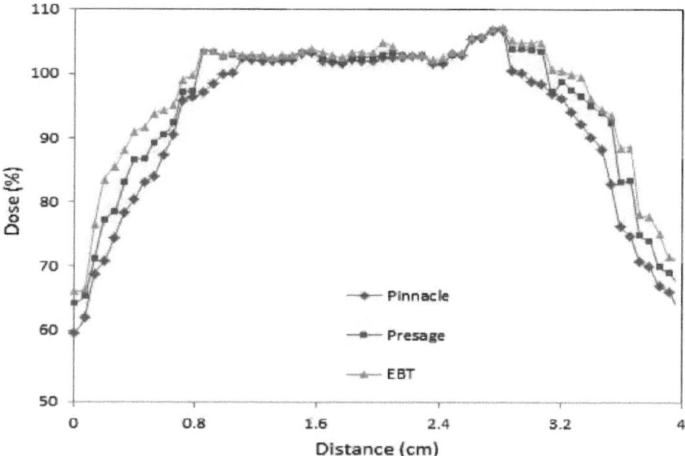

Figura A_ 13: Perfis de linha das distribuições de dose dos filmes Pinnacle[3], PRESAGE® e EBT2 a partir dos cortes axiais.

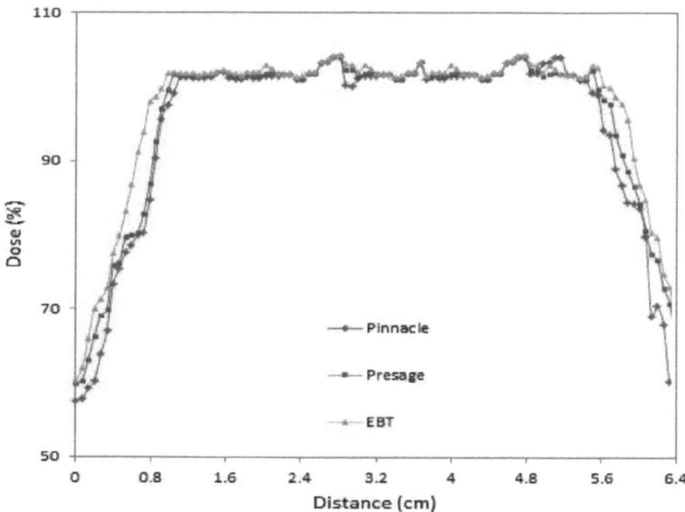

Figura A_ 14: Perfis de linha das distribuições de dose do Pinnacle[3], PRESAGE® e EBT2film a partir dos cortes axiais.

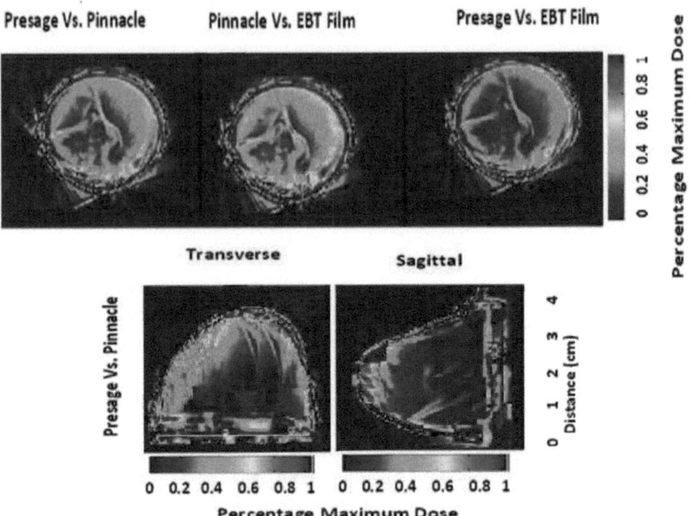

Figura A_ 15: Mapas gama (±3%/±3mm) entre Pinnacle³, EBT2 e PRESAGE® para uma região de PTV-5 mm no plano da película B, conforme ilustrado na Figura 3. (B) Distribuições gama (±3%/±3mm) de PRESAGE® e Pinnacle³ nos planos transversal e sagital para o plano da película que intersecta PTV-5 mm.

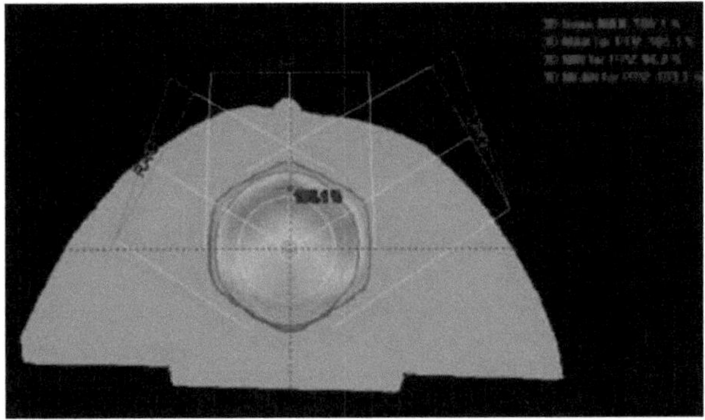

Figura A_ 16: Plano de três campos com distribuições de dose.

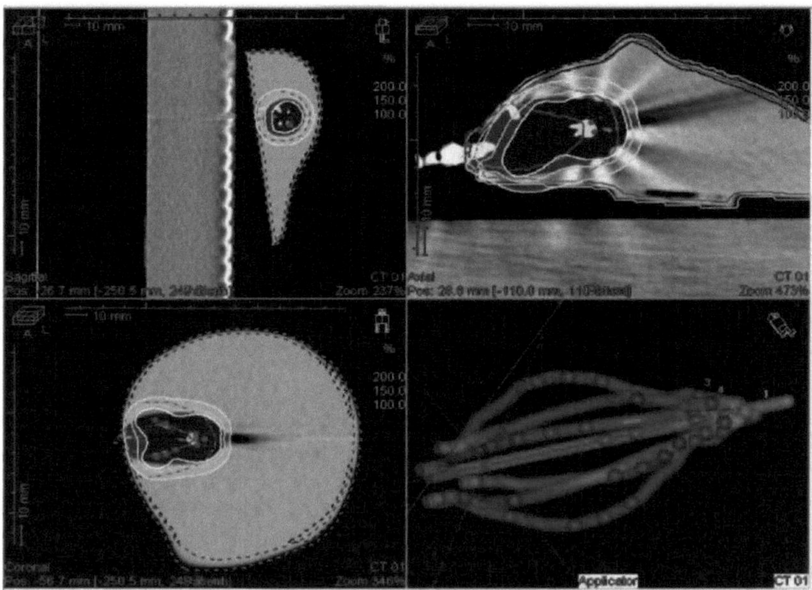

Figura A_ 17: Plano de tratamento de braquiterapia com distribuição da dose em três dimensões.

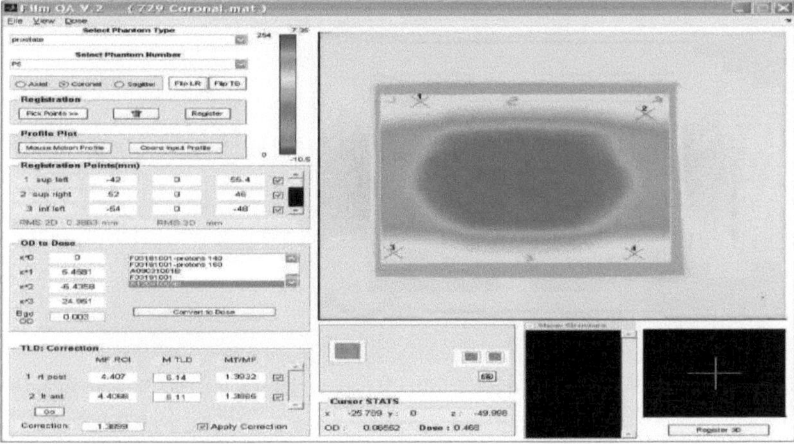

Figura A_ 18: Software de controlo de qualidade do laboratório de tapete de película em vista coronal.

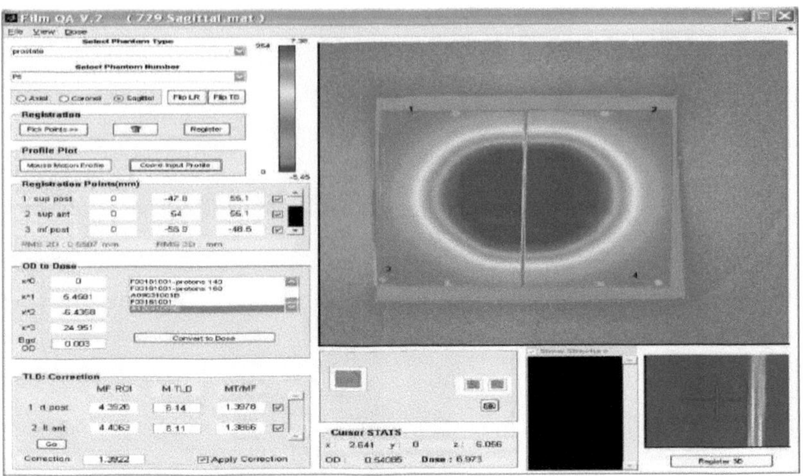

Figura A_ 19: Software de controlo de qualidade do laboratório de tapetes de película em vista sagital

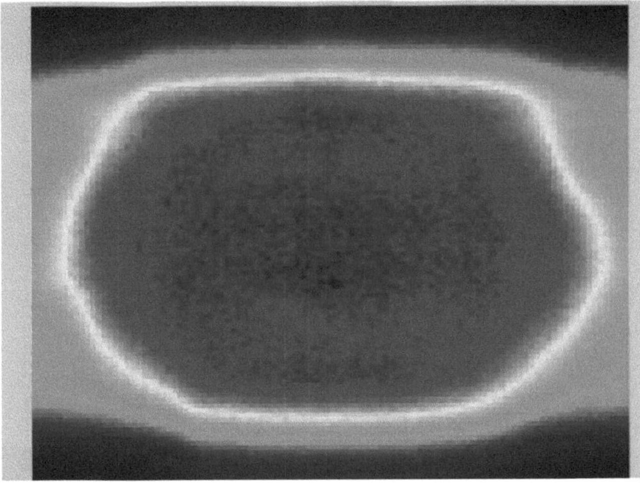

Figura A_ 20: A área na película coronal que foi utilizada para a análise gama. Os artefactos foram ocultados e não estão incluídos na análise gama.

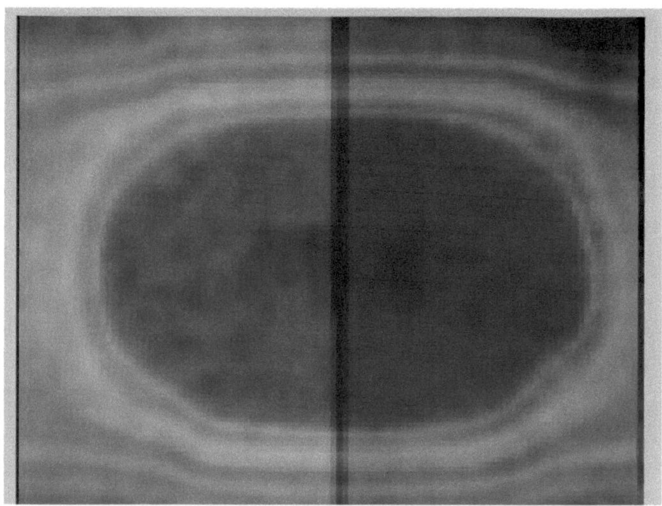

Figura A_ 21: A área correspondente no plano coronal do sistema de planeamento do tratamento.

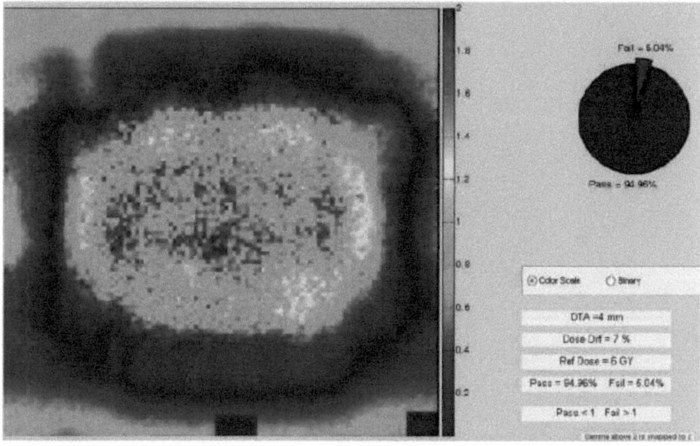

Figura A_ 22: Resultado da análise gama coronal (escala de cores).

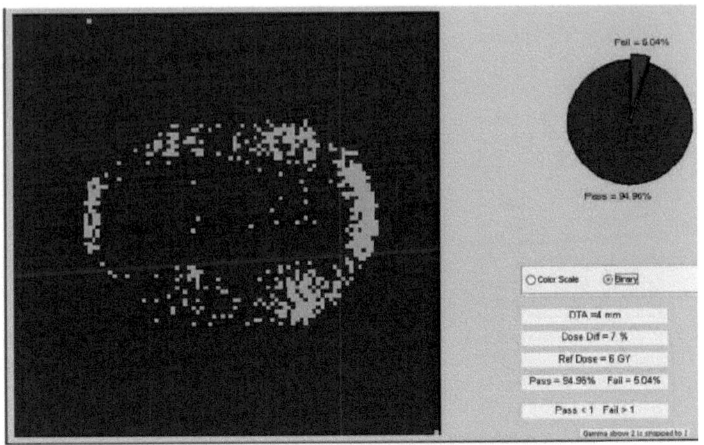

Figura A_ 23: O resultado da análise gama coronal (binária). As áreas verdes são locais que não cumprem os critérios.

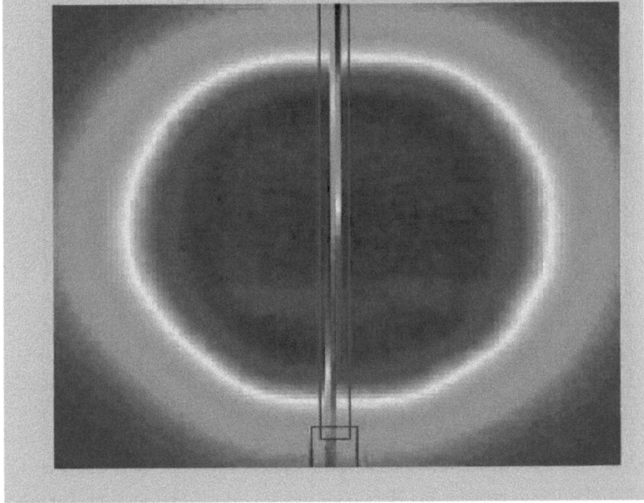

Figura A_ 24: A área no filme sagital que foi utilizada para a análise gama. Os artefactos foram mascarados e não estão incluídos na análise gama.

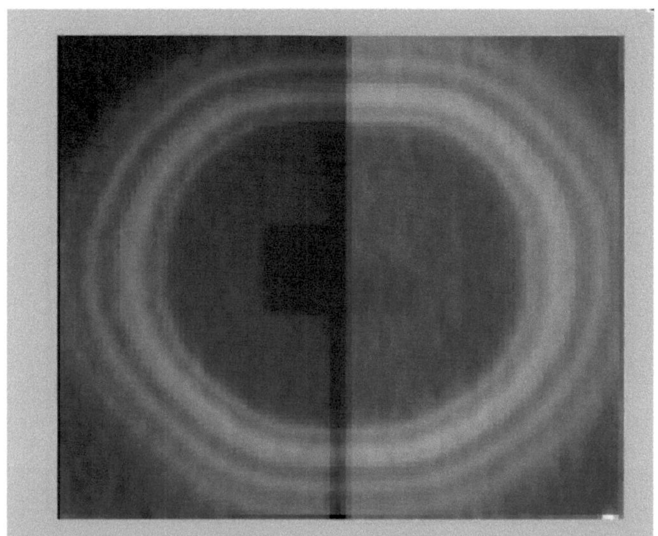

Figura A_ 25: A área correspondente no plano sagital do sistema de planeamento do tratamento.

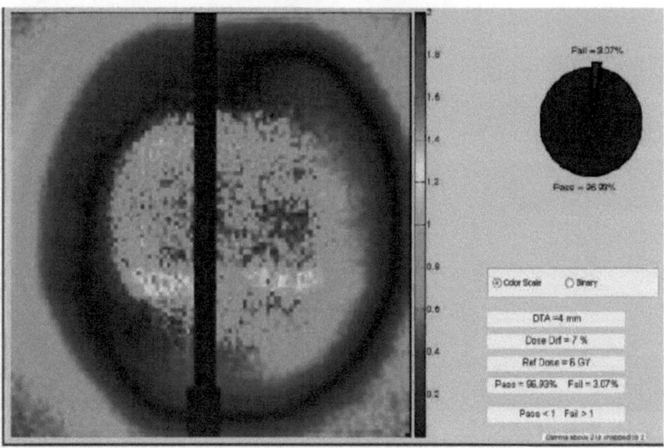

Figura A_ 26: Resultado da análise gama sagital (escala de cores).

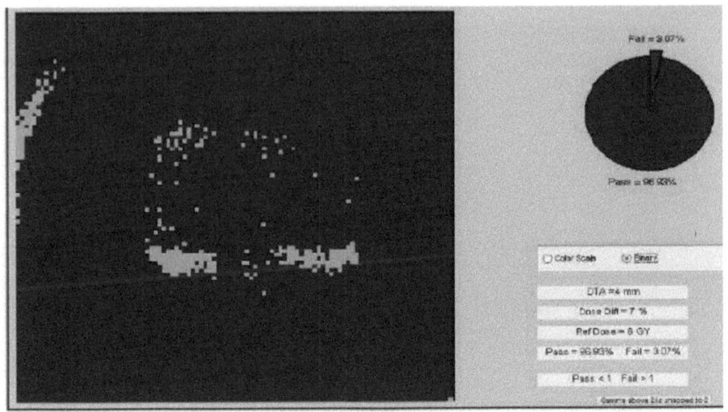

Figura A_ 27: O resultado da análise gama sagital (binária). As áreas verdes são locais que não cumprem os critérios.

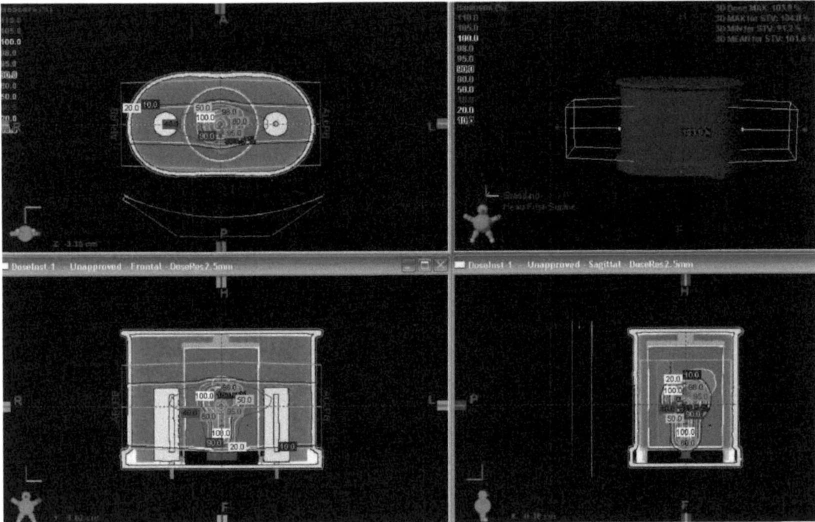

Figura A_ 28: Captura de ecrã do sistema de planeamento do tratamento para a terapia de protões por varrimento pontual.

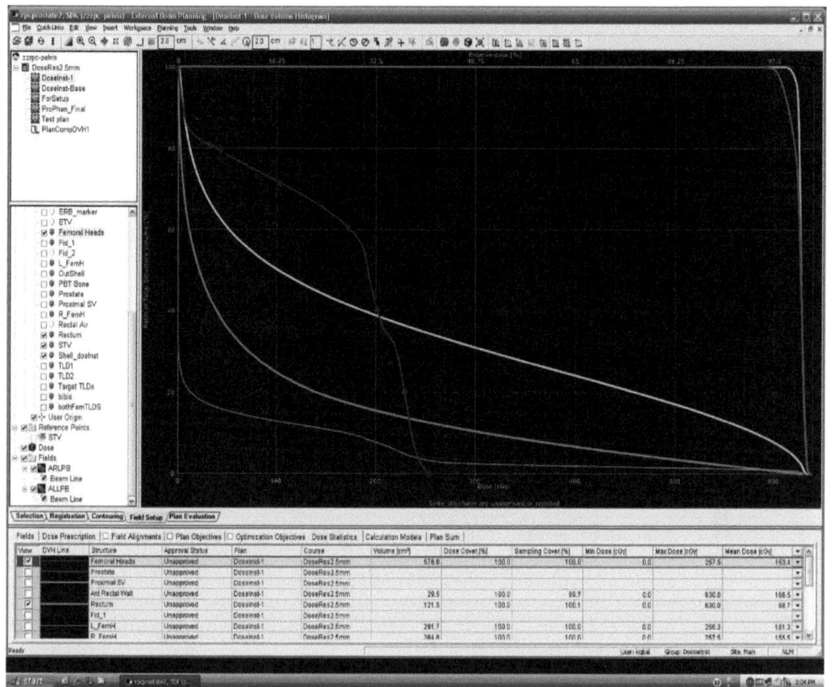

Figura A_ 29: Histograma de volume de dose do plano de tratamento de terapia de protões por varrimento pontual do fantoma da próstata.

Lista de abreviaturas

AAPM	American Association of Physicists in Medicine
AP/PA	Anterior/ Posterior
ART	Adaptive radiotherapy
ACR	American College of Radiology
ACMP	American College of Medical Physics
BCT	Breast conservation therapy
BJR	British Journal of Radiology
BEV	Beam eye view
CERR	Computational Environment for Radiotherapy Research program
cGy	Centi Gray
CT	Computed Tomography
CTV	Clinical Target Volume
CFRT	Conformal radiotherapy
CCD	Charge-coupled device
DRRs	Digital reconstructed radiographs
d_{max}	Depth of Maximum Dose
DNA	Deoxyribonucleic acid
DR	Dose Rate
DVH	Dose Volume Histogram

DICOM	Digital Imaging and Communications in Medicine
DMOS-RPC	Duke midsized optical CT scanner- Radiological Physics Centre
EBRT	External beam radiotherapy
EDW	Enhanced dynamic wedges
EPID	Electronic Portal Imaging Device
FOV	Field of view
GTV	Gross Tumor Volume
Gy	Gray
HDR	High Dose Rate
HU	Hounsfield Units
IAEA	International Atomic Energy Agency
IPEMB	Institute of Physics in Engineering, Medicine and Biology
ICRU	International Commission of Radiation Units and measurements
IMRT	Intensity Modulated Radiation Therapy
IMB	Intensity modulated beams
ICRP	International Commission on Radiological Protection
IEC	International Electrotechnical Commission
I_rV	Irradiated Volume
IMPT	Intensity modulated proton therapy
IGRT	Image guided radiotherapy

JCAHO	Joint Commission for Accreditation of Health Care Organizations
KV	Kilo voltage
LDR	Low Dose Rate
LET	Linear energy transfer
LQ	Linear quadratic
MLC	Multileaf collimators
LLUMC	Loma Linda University Medical Center
MRI	Magnetic Resonance Imaging
MU	Monitor Unit
MV	Megavolts
MRI	Magnetic resonance imaging
MPRI	Midwest Proton Research Institute
MDR	Medium dose rate
NTCP	Normal Tissue Complication Probability
NCRP	National Council on Radiation Protection and Measurements
NRC	Nuclear Regulatory Commission
NIH	National Institutes of Health
OD	Optical density
OAR	Organ at risk
PDD	Percentage Depth Dose

PET	Positron Emission tomography
PRV	Planning Organ at Risk Volume
PTV	Planning Target Volume
PTV_EVAL	PTV_ Evaluation
PRV	Planning organ at risk volume
PSI	Paul Scherer Institute
PTCH	Proton Therapy Center, Houston
PBI	Partial breast irradiation
PTV_OPT	PTV-optimization
QA	Quality Assurance
RBE	Relative Biological Effectiveness
RTOG	Radiation Therapy Oncology Group
RTS	Radiation Therapy System
RT	Radiotherapy treatment
SAD	Source to Axis Distance
SKMCH & RC	Shaukat Khanum Memorial Cancer Hospital & Research Centre
SSD	Source to Skin distance
SPECT	Single photon emission computed tomography
SOBP	Spread out Bragg Peak
SSD	Source to Surface Distance

SF	Surviving fraction
SBRT	Stereotactic Body Radiation Therapy
TAR	Tissue Air Ratio
TCP	Tumor Control Probability
TMR	Tissue Maximum Ratio
TPR	Tissue Phantom Ratio
TPS	Treatment Planning System
TLD	Thermo luminescent dosimeters
T_rV	Treated Volume
TAR	Tissue Air Ratio
TPR	Tissue Phantom Ratio
TMR	Tissue Maximum Ratio
TCP	Tumor control probability
US	United State
VMAT	Volume modulated arc therapy
WBI	Whole breast irradiation
Z_{eff}	Effective atomic number
3DCRT	Three-dimensional Conformal Radiotherapy
2D	Two Dimensional

Lista de publicações e apresentações

Publicações

1. K. Iqbal, M. Isa, S. A. Buzdar, K.A. Gifford, M. Afzal, "Avaliação do planeamento do tratamento da janela deslizante e da técnica de múltiplos segmentos estáticos em radioterapia com intensidade modulada", *Reports of practical oncology and radiotherapy,* vol. 18, pp.101-106, 2013.

2. K. Iqbal, S. A. Buzdar, M. Afzal," Verification of radionuclide radiation dose strength through Gamma Camera," *Pak J. Sci. ind. res. Ser A: phys. Sci,* vol. 55, pp.68-71, 2012.

3. K. Iqbal, M. Gillin, P.A. Summers, S. Dhanesar, K.A. Gifford, S.A. Buzdar, "Quality assurance evaluation of spot scanning beam proton therapy with an anthropomorphic prostate phantom," *British Journal of Radiology,* 10.1259/bjr.20130390.

4. K. Iqbal, K. A. Gifford, G. Ibbott, R. L. Grant, S. A. Buzdar," Comparison of an anthropomorphic PRESAGE® dosimeter and radiochromic film with a commercial radiation treatment planning system for breast IMRT: a feasibility study," *JACMP,* vol. 15, pp.363-374, 2014.

5. K. A. Gifford, K. Iqbal, R. L. Grant, S. A. Buzdar, e G. S. Ibbott, "Dosimetric Verification of a Commercial Brachytherapy Treatment Planning System for a Single Entry APBI Hybrid Catheter Device by Presage® and Radiochromic Film." Brachytherapy 03/2013; 12:S21. D0I:10.1016/j.brachy.2013.01.030.

6. Avaliação das discrepâncias percentuais entre o comportamento medido e calculado da dose em profundidade percentual em radioterapia de feixe externo. Aceite no *PJSIR.*

7. Verificação do comportamento medido e calculado da percentagem de dose em profundidade em radioterapia de feixe externo. Aceite no *PJSIR.*

8. Otimização do cálculo da dose de mama contra-lateral utilizando a cunha física e a cunha dinâmica melhorada no sistema de planeamento do tratamento de radioterapia: Aceite no *IJRR.*

9. Cunha Física e Dinâmica em Radioterapia para o Cancro Rectal: uma Comparação Dosimétrica: Aceite no Journal of radiotherapy & medical oncology.

10. Avaliação da exatidão de um sistema comercial de planeamento do tratamento por radiação para irradiação parcial da mama por feixe externo com um dosímetro antropomórfico PRESAGE® e um filme GAFCHROMIC® EBT2. Apresentado.

Apresentação oral

1. Implementação da fusão no planeamento do tratamento de radioterapia: 6thSAARC Congress of Radiology 8-10 February Rawalpindi (SC2013).

2. Caracterização e calibração do filme Gafchromic EBT2 como Dosímetro In Vivo: 18th Cancer Congress (ONCO 2013) March 1-3 Faisalabad Pakistan.

3. Investigação da exatidão de um dosímetro antropomórfico PRESAGE® na avaliação dosimétrica da IMRT da mama: 20ª Conferência Internacional de Física Médica e Engenharia Biomédica (ICMP) no Brighton Centre, Reino Unido, de 1 a 4 de setembro de 2013.

4. Garantia de qualidade da radioterapia de feixe externo: 12.º Simpósio de Cancro Shaukat Khanum, 29 de novembro-1 de dezembro, Paquistão, 2013.

5. PRESAGE® dosimeter for breast quality assurance (dosímetro PRESAGE® para garantia da qualidade da mama): 13thAOCMP and 11thSEACOMP Medical physics Conference, 12-14th December, Singapore 2013.

Apresentação de posters

1. Película GAFCHROMIC EBT2 como dosimetria in vivo e verificação IMRT: 12th Shaukat Khanum Cancer Symposium, 29 de novembro-1 de dezembro, Paquistão 2013.

2. Software Map Check2 para a avaliação de IMRT: Experiência no Centro de Cancro Shaukat Khanum: 12.º Simpósio de Cancro Shaukat Khanum, 29 de novembro-1 de dezembro, Paquistão, 2013.

3. Conceção e avaliação do software IGRT para alinhamento diário do alvo: (ICMP): código: 48-Brighton, Reino Unido, 2013.

4. Comparação de IMRT de janela deslizante e step &shoot: Shaukat Khanum Cancer Hospital & Research Center Lahore, Paquistão 10º Simpósio (18-20 de novembro) 2011.

5. Análise estatística e verificação do cálculo da percentagem de dose em profundidade com base no rácio máximo de tecido em radioterapia de feixe externo: Poster-23 Thur Eve: Física Médica, Vol. 39, No. 7, julho 2012 Reunião Anual do COMP. Canadá

6. Calços físicos e dinâmicos em radioterapia para o cancro do reto: Uma comparação dosimétrica: Poster-60 Thur Eve: Física Médica, Vol. 39, No. 7, julho 2012 Reunião Anual do COMP. Canadá

7. Papel das cunhas físicas e dinâmicas melhoradas na conformidade da dose para pacientes com CA Rectum em radioterapia conformacional tridimensional: Shaukat Khanum Cancer Hospital & Research Center Lahore, Paquistão 10th Simpósio (18-20 de novembro) 2011.

8. Verificação do comportamento medido e calculado da percentagem de dose em profundidade em radioterapia de feixe externo: Shaukat Khanum Cancer Hospital & Research Center Lahore, Paquistão 10th Symposium (November 18-20) 2011.

Printed by Books on Demand GmbH, Norderstedt / Germany